読むトポロジー

瀬山士郎

はじめに

「トポロジー、響きのいいこの言葉には、なんとなく知的な好奇心を誘うところがあります。言葉のはっきりとした意味を知らなくても、トポロジーという言葉が醸し出す微妙な雰囲気というものがあるようです」という書き出しで、『トポロジー：柔らかい幾何学』（日本評論社）という本を書いたのは1988年、今から30年以上も前のことでした。

その本は大学生、一般向けの教科書として書いたもので、図を多用してトポロジーのイメージをつかんでもらおうという意図を持っていましたが、教科書という性格上どうしても数式を使い証明も書きました。数学を理解する王道は証明を丹念にたどり、数式で書かれている内容を自分のイメージとして納得することに間違いはありません。数式による記述や証明はいったん納得してしまうと、この上ない明晰《めいせき》さで数学の事実を語りかけてくれます。

しかし、数式言語がふつうの人には少しだけ分かりにくく、理解するには、ある程度のトレーニングを必要とすることも事実です。そのことを踏まえた上で、本書は入門書一歩手前のお話として、極力数式を使わずにトポロジーという「不思議でおもしろい数学」を説明しました。

多くの数学愛好家の皆さんは4次元空間に興味を持っていると思います。あるいは、メビウスの帯やクライン管（クラインの壺《つぼ》）に関心がある方も多いのではないでしょうか。メビウスの帯、クライン管はトポロジーの模型に過ぎませんが、裏表のない曲面、あるいは内側と外側の区別のない閉じた袋という不思議な物体は知的好奇心を誘うものがあります。

本書はそのようなトポロジーおもちゃを題材にして、つながり方の分析とはどういうことか、曲面とはなにか、どうしたらすべての曲面を作ることができるのか、あるいは次元とはなにか、4次元空間は本当にあるのだろうか、などという多くの数学愛好家の皆さんが持っているだろう疑問について、図と説明を主体にしてお話しした本で、いわばトポロジー入門の本を読むための入門書です。入門書ですが、題材はなるべく妥協せず、トポロジーの基礎であるホモロジー理論、ホモトピー理論などを直感的に解説しました。

数学は不思議な学問で、分からないとなるととことん分からない、まったく意味がつかめないことが多い。しかし、いったん理解できてしまうと、それこそ、どうしてこんなことが分からなかったのだろうか、と思うくらいに明晰、明快に理解できるという特徴を持っています。もちろん、最先端の数学を明快に理解できる人はそう多くはないでしょう。そのためには数式を読み解くためのトレーニングも必要不可欠です。

しかし数学者でなくても、あるいはそこまで行かなくても、数学を理解し、楽しみ、数学が文化の中で果たしている役割を知ることは十分に可能です。現代数学の一つであるトポロジーがなにをどのように分析している数学なのかを知りたい人、あるいは話題になった「ポアンカレ予想」ってなんなのだろう、結び目はどうしてほどけないのだろう、こんなことを考えたことがある人はぜひ本書をご覧ください。中学校や高等学校で学んできた幾何学とは一味違った現代幾何学の新しい姿があるはずです。

数式という言語を極力使わないという条件では数学をイメージで語るほかありません。数学のイメージは人さまざまです。本書で紹介するホモロジー、ホモトピーのイメージは、私がそれらをどう理解してきたかということの公開です。イメージと日本語での説明で紹介するトポロジーの世界を楽しんでいただけたら幸いです。

では不思議な幾何学の世界に出発しましょう。

世にも不思議な知恵の輪

①

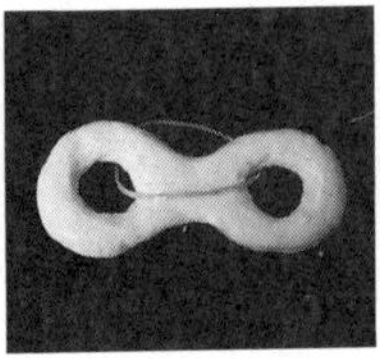

②

③

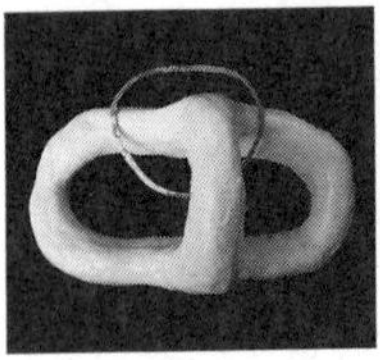

④

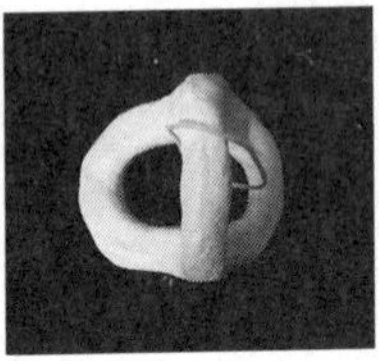

⑤

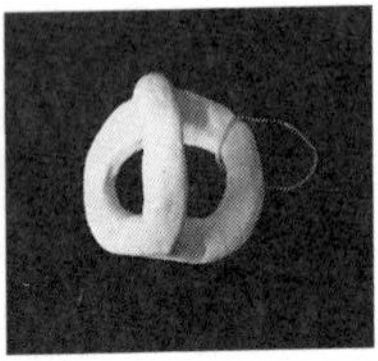

⑥

⑦

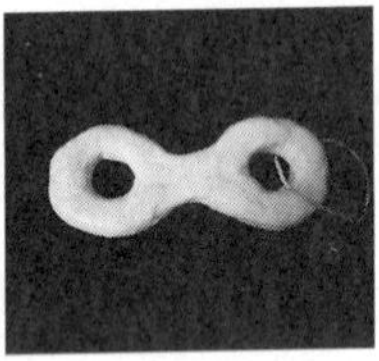

⑧

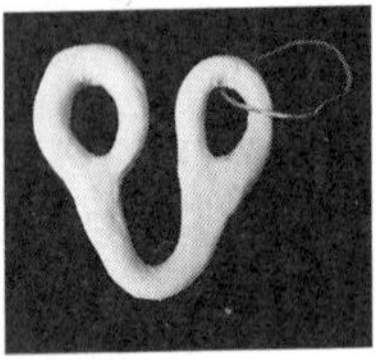

⑨

２つ穴のドーナツに絡んだ輪ゴムが、いつの間にか１つの穴から外れてしまう。どうしてでしょう？（本文102頁参照）

目次

第2章　つながり方の幾何学

第5章　曲面のホモロジーとホモトピー

第6章 次元を超えて

第7章 いろいろな話題

第1章　形とはなんだろうか

1　最古の学問としての数学

数学の誕生

数学は人類がもったさまざまな学問のうちでも、もっとも古い科学のひとつです。人類がどのような進化をとげてこの21世紀にまでたどりついたのかは、完全にわかっているわけではありません。原人といわれている直立猿人、北京《ペキン》原人が旧人類のネアンデルタール人を経て新人類クロマニヨン人に進化していった過程にはどんな劇的なことがあったのか、想像するだけでなんとなく胸がわくわくし、壮大なロマンに酔いそうな気がしませんか？

そんな大昔から、人は長い時間をかけてここまで旅をしてきたのですが、おそらく、クロマニヨン人たちも数を操ったのではないでしょうか。もしかしたら、原人やネアンデルタール人たちも数の概念をもち、数を操ったのかもしれません。残念ながらその直接の証拠はないようですが、アルタミラやラスコーの洞窟《どうくつ》壁画などを見ていると、そんな思いがします。もしネアンデルタール人たちが「数とはなにか」を理解し、数を使って生活していたとしたら、そこにはどんな数学があったのでしょうか。もしかすると私たちの数学とはまったく違った数学があったのかもしれません。旧人たちの数学がそのまま発展していったら、もう一つの数学ができ上がっていた（?）のかもしれません。

実際に数学が世界のいろいろなところで生まれ、発達してきたことは確かです。現在の私たちがもっている数学は、人類の共通の知識として統一され、一つの世界を創っていますが、数学が統一されるまでにはいろいろな数学があったのでした。

古代中国には古代中国の数学があり、メソポタミアには60進法を基本とした数学がありました。60進法は今でも時間などに名残をとどめています。それらは古代エジプトやギリシアで発生し、中世イスラム圏で発達した数学と合流し、ヨーロッパ数学の中に統一されていったのです。

なぜヨーロッパ数学が世界数学の統一的な基準となりえたのかはむずかしい問題ですが、証明という考え方や数学記号の合理的な使用法、あるいはほかの自然科学からのいろいろな影響などがあったのでしょう。数学が単なる計算技術ではなく、自然観や世界観などの思想と結びついていたことも大きな理由の一つと考えられます。しかしなんといっても、「理由を知りたい！」という人類共通の知的好奇心が、数学が統一されていく大きな原動力だったに違いありません。

数学ってなんの役に立つの？

進化でいえば、私たちの隣人であるチンパンジーも数の概念をもち、数を操ることができるのでしょうか。あるいは、子どもたちはどのようにして数に目覚め、数を扱うようになるのでしょうか。こうしたことについても、現在さまざまな研究が進んでいます。

数を覚えて数が扱えるようになるのは、子どもにとって大きな喜びでしょう。実際、数を操れるようになり、計算という概念を獲得した子どもたちは１０００円札を預かって買い物に行き、７００円の買い物をすれば３００円のお釣りがくることを理解するようになります。初めてのお使いです。

こうして数学は、子どもたちの実際の生活に役立つようになります。子どもたちだけではありません。数を使って、いろいろなものの多さや大きさを比較できることも、私たちの生活に役立ちます。

しかし、数学は抽象的な概念を操る学問です。これは数学の根幹をなす性格といってもいいでしょう。それは算数でも同じことです。小学生たちが高学年になって学ぶ分数（有理数）の四則演算でさえも、日常生活からは離れていきます。普段の生活で私たちは分数のわり算を使うことはほとんどないのです。ふつうの生活の中では、$\frac{1}{5}-\frac{1}{7}$などという計算がでてくることはないと思います。ですから、初めてのお使いであんなに役立ったお釣り計算のためのひき算の印象が強ければ強いほど、子どもたちは分数の抽象的な性格にとまどいます。こうして「数学ってなんの役に立つの？」という疑問が芽生えてくるのかもしれません。

けれどもこうした疑問は「数学の有用性」を矮小《わいしょう》化してしまったために起きる、大きな誤解なのだと思います。数学は立派に役立っています。ただ、その役立ち方はお釣りのひき算ができる、ケーキが2等分できるというレベルからすぐに離れていくのです。

しばらく前、「2次方程式など60歳になっても使ったことがないのだから、中学校で教える必要はない」、という意味の粗雑な発言をした人がいて、そのために一時期、中学校の数学から2次方程式の解の公式が姿を消したことがありました。数学を学ぶことの意味をほとんどわかっていないとしか思えない愚かな発言でした。

私たちは日常生活で使うためだけに知識を学ぶのではありません。そんなことを言い出したら、分数の四則演算でさえも教える必要はないことになってしまいます。数学を学ぶこと、それは人が長い歴史を通して築きあげてきた文化を学ぶことであり、私たちが分数の四則演算、方程式の解法、あるいは2次方程式の解の公式を学ぶのは、そういった知識や技術が私たちの文化を土台で支えているからです。

人は今から4000年近くも前に2次方程式を解いていました。それはバビロニアから出土した粘土板（紀元前2000年〜1700年頃）にはっきりと記録されています。また、古代中国の数学書「九章《きゅうしょう》　算術」（紀元前100年頃から2世紀にかけて完成したといわれている）にも2次方程式に関係した問題がでてきます。方程式を解くことは、いわば人の文明を根底から支えてきたのです。

確かにふつうの人が日常生活で2次方程式を解くことはまれでしょう。日常的な買い物をするときに必要とされる数学は自然数の四則演算がほとんどで、1次方程式でさえも日常生活で解くことはめったにないと思います。

しかし、方程式を解く技術があるからこそ、テレビ、自動車、携帯電話、カーナビゲーションシステムなどを含めたさまざまな文明の利器は完成しました。そして、今の私たちの生活はそれらの技術に支えられています。未来の世界を担っていく子どもたちが同じように数学を学び、それをまた次の世代にバトンタッチしていく。そのためにこそ教育はあるのだと思います。

基礎的な知識を学んでいる子どもたちは、その知識が最終的に壮大な建築物になっていくことがなかなか理解できないかもしれません。子どもたちだけではなく、高校生、大学生、私たち大人も、多くの科学技術をブラックボックスとして享受しています。数学がそれらにどう役立っているかは知らないのがふつうかもしれません。

しかし、どのような壮大な建築物であれ、それを支えているのは最初の一歩である基礎的な知識です。目の前にあるたった一つのレンガ、一本の釘《くぎ》が建築の基礎に役立っています。中学校、高等学校で学ぶ数学の知識はそのレンガや釘のようなものです。たとえ将来、それらの知識を使って建築物を造る仕事に直接はつかないとしても、基礎の知識を獲得しておくことは、それだけで人生をより豊かにするに違いないと思います。

私たちには歴史があります。そして過去の悲惨な戦争の体験から、二度と戦争は起こすまい、軍隊はもたないという理想を掲げた、世界の財産である誇るべき憲法ができました。中学生たちは憲法の理念と平和の大切さを学びます。憲法など一度も使わなかった、だから教える必要はない、と考える人はいないでしょう。数学も同じです。数学にも壮大な歴史があり、今私たちが学んでいる数学はそのような歴史を踏まえた、人類の大切な知的財産なのです。

幾何学の歴史は古い

数学は英語ではマセマティックス（Mathematics）といいます。これはギリシア語のマテーマタ（mathēmatikē）からきたもので、マテーマタとはもともと「学ばれるべきもの」という意味があったそうです。基礎的な教養として、また物事をきちんと合理的に判断する基礎として、すべての人が学ぶべき知識ということだと思います。

また、プラトンのアカデメイアには「幾何学を知らざる者、この門を入るを許さず」という言葉が書いてあったといいます。アカデメイアでは、数論、幾何学、天文学などと哲学が基礎的な学問として学ばれていました。その数論と幾何学が一つにまとまって数学になっていきます。古代ギリシア市民の基礎的な教養としての数学は、自由な市民社会を形成するための不可欠の要素だったのです。

詭弁《きべん》に惑わされず、自らの力で事の善悪を判断する、数学で培われる合理的な判断力は大切でした。こうして数学は古代ギリシアで一つの最盛期を迎えたのです。

その後中世ヨーロッパで、数学はいったん停滞期に入ります。しかし、その間にもイスラム圏アラビアで数学は研究され、装いを新たにした代数学として発展します。代数学を英語ではアルジェブラ（algebra）といいますが、この言葉はもともとイスラム圏生まれでした。それがヨーロッパ圏に流れ込み、近代数学として研究されるようになったのです。こうして近代数学は、最初は代数学すなわち数と記号を操る学問として発展していきます。もちろんそのときでも、ギリシアで発展した幾何学は続けて研究されていきます。

シュタイナー・レームスの定理

もともと幾何学の主題は、ユークリッド流儀の図形の性質を研究することでした。個々の図形の性質を離れ、幾何学とはなにか、形を調べるとはどういうことなのか、という研究主題を見つけることはとてもむずかしいことでした。ここには、数学の主題としての「モノとコト」というテーマが潜んでいます。

一つひとつの図形を個別の研究対象として、その性質を扱うことは、大変におもしろいことでもあります。三角形、四角形、円などのきれいな図形には、いろいろな興味深い性質が隠されていることは確かで、それらを発見することは数学者の楽しみでもあったでしょう。

みなさんの中にも、中学校や高等学校で学んだ初等幾何学のおもしろさに惹《ひ》かれた方が大勢いらっしゃると思います。とても証明できそうになかった問題が補助線一本であっけなく解決していく快感は、一度味わうと忘れられない！　かくいう私も中学、高校生の頃は幾何マニアでした。初等幾何の問題の中には、とても簡単そうに見えて、実際に解いてみると大変にむずかしいという、マニアの心をくすぐるような問題がいくつもあります。有名な問題を一つだけ解答をつけずに紹介しておきましょう。初めての方はどうぞ「論理の迷宮」を楽しんでください。

シュタイナー・レームスの定理

△ABCの二つの内角の二等分線の長さが等しければ、△ABCは二等辺三角形である。

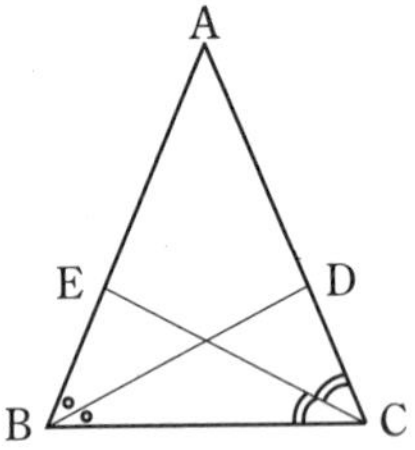

BD＝CE なら
AB＝AC

　このような問題のおもしろさは、本格探偵小説を読むときの楽しさに通じるところがあるようです。補助線とは探偵小説の中に埋め込まれたトリックなのです。実際、ミステリマニアのなかには幾何学ファンも多いようですし、一級の数学者でかつ探偵小説作家だった天城《あまぎ》一《はじめ》という作家もいました。もっとも、ディクスン・カーという探偵小説作家は数学が苦手だったと書いているようです。

閑話休題

　このように、モノとしての個々の問題のおもしろさが幾何学を支えてきた一つの柱であることは間違いがないと思われます。しかし、幾何学が新しい数学として発展していくためには、一つひとつの図形、つまりモノという主題をどこかで振り切って、幾何学の研究主題とはなにか、というコト的なテーマを発見する必要があったのでした。

2　形とはなにか

形に親しむことが幾何学学習の第一歩

数学を日本語では「数」の学と書きます。数の学というと、数でいろいろなことを表したり、数を比較したり計算したりする数論や代数学が数学の主題のように見えます。しかし、数学の主題は数だけではありません。もう一つの大きな主題が「形と空間」についての研究、つまり幾何学です。

幾何学は「ジオメトリー」(geometry)といいますが、「ジオ」は大地、「メトリー」は計測という意味で、幾何学は、最初はまったくの実用的な意味合いをもった学問として出発したというのが定説です。古代エジプトで、ナイル川の氾濫《はんらん》によって失われた土地の境界を再確定するために使われた測量術が、幾何学の起源であるといわれています。そこから出発した幾何学は古代エジプト、ギリシアを通じて「ユークリッド幾何学」という学問の規範ともいうべき壮大な体系に発展したのでした。

私たちは小学校のときから、算数の中で小数や分数の四則演算を学ぶと同時に、形についてもいろいろなことを学んできました。小学校の低学年では三角形、四角形、円という身近にある形の名前を覚えたり、それらの性質を経験や手作業を通して学んだりして図形に親しんでいます。形に親しむこと、それが幾何学学習の第一歩でした。

「正方形の折紙をハサミで一度だけ切って三角形をつくってください」

小学校低学年の子どもたちは、こんな質問にも悩むようです。角を切って直角三角形をつくればいいのですが、直角三角形が特殊な形をしているせいか、あるいは三角形は三つの辺をもっているので、どうしても三回切らなければ三角形にならないと思うのか、ハサミを持ったまま考えこむ子どもたちも多いようです。幾何学はこんな経験から出発していきます。

身の回りにある形で多いものとは

ところで、私たちの身の回りにある形では、長方形やその立体版である直方体が一番多そうです。小学校でも机や黒板は長方形、靴箱は直方体、そもそも教室そのものが大きな直方体です。なぜでしょうか。それは直方体が積み重ねたり並べたりしたときにいちばんきちんと整理できるからでしょう。

ものを入れておく箱が三角錐《すい》や五角錐の形をしていたら、ユニークでおもしろいかもしれませんが、整理をしたり、大量に運んだりするには大変でしょう。もっとも、中に入れる品物がもともとそんな形をしていたら、箱もその形に合わせる必要があるのかもしれません。あるいは、窓やドアが長方形ではなく三角形になっていたら少し不便でしょうね。開け閉めしたり通ったりするときも注意が必要でしょう。

でも、台形の窓などはちょっとおもしろそうなので、もしかするとどこかに実際にあるのかもしれません。ドイツ表現主義映画『カリガリ博士』にはそんな奇妙な家が出てきます。この映画は不思議な味わいをもった古典恐怖映画の傑作です。しかしそれは表現の世界の話で、やはり実用的ではありません。

そんなわけで、私たちの身の回りにあるものは長方形や直方体の形をしていることが多いのです。学校の間取りも無駄が出ないようにすれば、教室は直方体がいちばん便利そうです。もっとも、いまはユニークな教室として半円形などの形も使われているようです。さすがに三角形の教室は、私はまだ見たことがありませんが、もしかするとどこかの学校には三角形の教室があるのかもしれません。

小学校高学年になれば、形のもつもう少し一般的で抽象的な性質、多角形の内角の和や外角の和などを調べたり、平面図形の面積、立体図形の体積や表面積などを求めることも始まります。さらに立体の展開図を考えたり、切断面や投影図を考えたりもします。立体に親しむには、実物を手にしていろいろな方向から眺めてみるという経験が一番です。

正20面体といわれてすぐにその形を想像できる人は少ないのかもしれませんが、正20面体を一度でも手にしたことがあれば、その形が分かります。しかし、正多面体などの立体はいつでも身近にあるわけではありません。そのため、人は立体図形を平面に表現するさまざまな方法を考え出してきました。投影図や展開図はその方法の一つです。投影図から元の立体を想像し復元するのは、とてもおもしろい「頭の体操」にもなります。また、立体の見取り図を描くのは数学だけではなく、美術や建築などの基礎としても役立つと思われます。

論理的に証明するということ

こうした経験的な学習は、もう少し進んで中学校になると、図形の性質を「当り前の事柄」を前提にして論理的に証明する、論証という学習につながっていきます。いわゆるユークリッド幾何学（初等幾何学）の学びが始まります。そこではすべての人にとって自明と思われる事実から出発して、三段論法の積み重ねで、ある事実が正しいことを証明するという数学の方法、つまり公理的な考え方そのものが学ばれます。ユークリッド幾何学のこの方法は、もっとも規範的な学問の在り方として長い間、他の学問の手本になり研究されてきました。公理から出発する三段論法の積み重ねが、他人を説得しその事実が正しいことを理解してもらう有効なやり方だったからでした。

こうして、論理による証明は自然科学のみならず、人の認識手段のもっとも大切な方法の一つとして定着しました。もちろん社会科学や人文科学、あるいは日常的な会話の中でも証明という方法は立派に通用します。私たちが数学という学問に寄せる信頼感は、数学で語られる事実が証明という手段に支えられているということにあるといえるでしょう。また、数学が証明という説明手段を考え出したことも、数学が自然科学、社会科学、人文科学を通して学問のもっとも基礎的な部分を支えていることの証《あかし》でもあります。

ところで、ユークリッド幾何学は私たちがもったいろいろな数学の理論のなかでも、もっとも由緒正しく伝統のある分野で、すでに紀元前200年にはいまのような論理で考える幾何学が成立していました。まさに古典という言葉にふさわしい学問であり、しかも今でも立派に通用しています。「ピタゴラスの定理」のように直感的に理解することがむずかしそうな定理でさえも、紀元前の人々がきちんと理解していたという事実は驚くべきことではないでしょうか。

また、ユークリッド幾何学には補助線を考えるという楽しさもあり、古くから多くの数学ファンに親しまれてきた学問です。数学はあまり好きではなかったが、幾何学だけは好きだったという文科系の人が結構多いのも、幾何学のこんな性格によるのでしょう。江戸川乱歩《えどがわらんぽ》がある幾何の問題を探偵小説の中に引用したことがあるのをご存じの方もいると思います。

「三角形をかいてください」

でも、改まって「形ってなんだろうか？」と問いかけられたとき、皆さんならどう答えますか。「形？」この問いは案外むずかしいのではないでしょうか。「形って……、ものの形のことでしょ？」では答になりません。「三角形や四角形のような……」は例示にはなりますが、形とはなにかの答にはなっていません。ためしに手元にある辞書を引いてみると、

かたち【形】①視覚や触覚によってとらえられる、物や人の外見的な姿。恰好。外形。②内容や実質と対比される一定の外見的な姿。形式。

（『大辞林』第二版　三省堂）

とあります。どうやら物の外見的な、見た目の姿、というのが日本語でいう形のようです。形にとらわれないで、しっかりと本質を見よう、などということがあります。見た目というのは余りいい意味では使われないのでしょうか。

ところで、「デッサンとは、ものの形のことではない、ものの見方のことだ」という言葉があるようです。トポロジーとはまさしく、形をどう見るかということなのです。この言葉は最後にもう一度引用したいと思います。

この世界はいろいろな形でできていますが、なかには形のないものもあります。昔の人は「水は方円《ほうえん》の器に従う」といいました。方とは長方形のことをいいます。つまり、水には決まった形がない。四角い器に入れれば四角く、丸い器に入れれば丸くなるということでしょう。確かに水は入れものによって形を変えますが、それは水の形ではなく容器の形です。

私たちがふつうに形といっているときは、図形のあるまとまりを指していうことが多いと思います。たとえば「三角形」といわれると、ふつうの人ならだれでもどんな形なのかがわかります。では、「三角形を一つかいてください」といわれて、何人かの人が三角形をかいたとき、その三角形は「同じ形」になるでしょうか。

これは微妙な質問です。みんなが同じ「三角形」をかいたともいえますが、かかれた「三角形」は全部違っているということもできるでしょう。

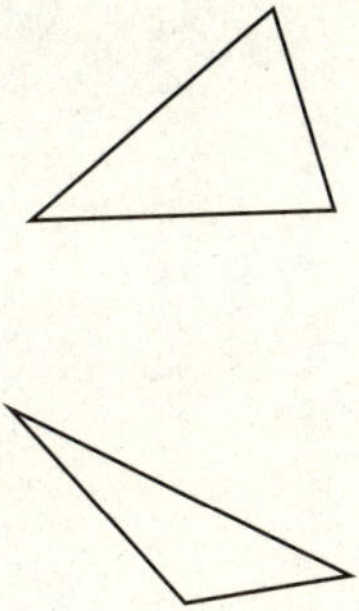

これはどちらが正しいということではありません。両方の立場があるということです。
では、「円を一つかいてください」といわれたときはどうでしょうか。

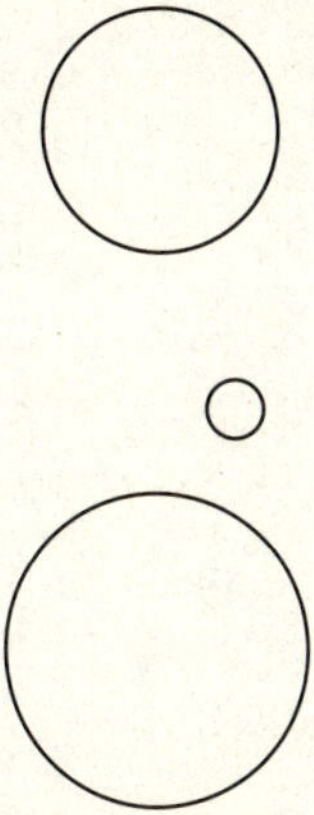

今度は三角形の場合と少し違います。ここに描かれている円は全部「同じ形」といっていいでしょう。これはすべて円なのですが、何が違うかといえば「大きさが違う」のです。

3　相似という形

「正三角形をかいてください」

前節では三角形と円をかいてみました。三角形の場合はいろいろな形があって、「形が違う」のであって、「大きさが違う」とはいえません。円だと「同じ形」だが、「大きさが違う」のです。

この違いはどうして起きたのでしょうか。それを考えるために、もう一度、今度は「正三角形をかいてください」。

正三角形の作図は中学生が最初に学ぶ基本作図の一つで、ユークリッドの「原論」でも第一巻の命題1で「与えられた有限な直線（線分）の上に等辺三角形をつくること」として出てくる最も基本的な作図の一つです。

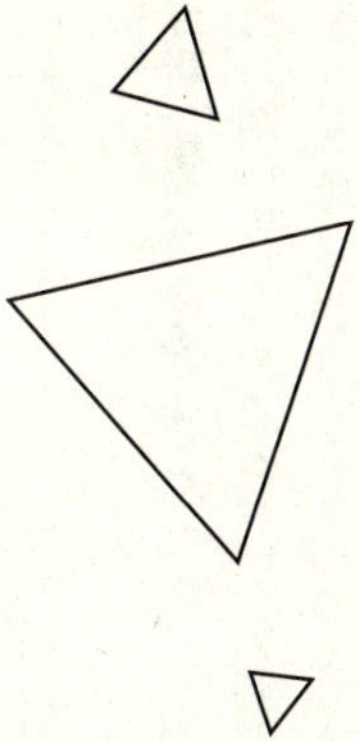

今度は正三角形をかいてもらったのですが、最初に三角形をかいてもらったときとは少し様子が違うようです。ここに描かれている正三角形は違ってはいるのですが、やはり「大きさが違う」だけで、形はすべて正三角形としかいえません。これは円をかいてもらったときと同じですね。円の場合も形は円としかいいようがなく、大きさが違っているだけでした。これは正方形でも同じことです。正方形も大きさの違う正方形はたくさんありますが、正方形という形は一通りしかないのです。

だいぶわかってきました。私たちは少し広い意味では「形」を三角形や四角形、円などを表す言葉として使っているのですが、もう少し厳密に狭い意味では「形」を、相似な図形を同じ仲間として表す言葉として使っているのです。ですからこの意味で、円、正三角形、正方形などは、形を表す言葉になっているのです。

「長方形はどうでしょう？」長方形も確かに形を表す言葉ですが、これは広い意味での形です。つまり、長方形たちはお互いに相似ではないので、とても細長い紙テープのような長方形もあるし、正方形に近いずんぐりとした長方形もあり、長方形といっただけでは相似の意味での形は定まりません。

二つの図形が「相似である」こと

では、二つの図形が相似であるとはどんな関係だったかを振り返ってみましょう。
ある図形を同じ割合で伸ばしたり縮めたりするとピッタリと重なるとき、二つの図形は相似であるといいました。サイズが違うけれども同じ形というのは、私たちの日常生活の中でも使うことがあります。靴のサイズとか洋服のサイズといったときは、形やデザインは同じだけれど大きさが違うということを意味しています。

皆既日食という現象は月と太陽が同じ形（厳密にいうと同じ形ではないのかもしれませんが、ここではどちらも「球」と考えます）なので起こる見事な天体ショーです。つまり、月と太陽は相似なので、大きさが違っても月が太陽を覆い隠すことができるのです。これが太陽と月が直方体だったら、大きさだけでなく形も違うので、月が太陽を覆い隠すということは起きないでしょう。

これが、同じ形というときの私たちの日常生活での意味づけです。

4　射影という考え方

五円玉の穴で月を見る

では、離して眺めたとき重なってしまう形は、大きさは違うが同じ形といっていいのでしょうか。これはまた少し微妙な問題をはらんでいます。それをちょっと調べて

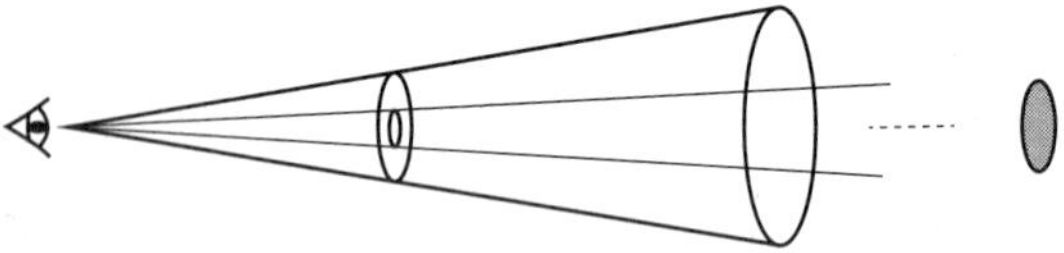

みましょう。

太陽と月が重なってしまう、というのはこんな実験で確かめられます。工作用紙で大きさの違う二つの円を切り抜いて両手に持ち、片目をつぶって両方を見る。うまく距離を加減すると二つの円がぴったりと重なって見える。もう少しおもしろい実験では、片目をつぶって五円玉か五十円玉の穴を通して月を見るのです。月は五円玉の穴の中にすっぽりと入ってしまいます。

楕円と円が重なって見えるとき

しかし重なるだけでいいのなら、次の図でも二つの形は重なります。

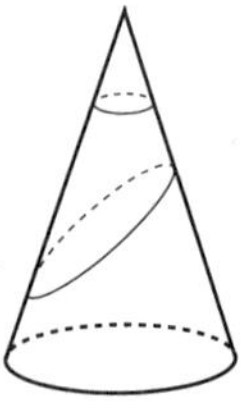

直円錐はふつうに底面に平行に切れば、その切り口は円になります。

これが大きさの異なる円が重なって見えることのイメージでしたが、斜めに切ると切り口は図のように、円ではなく楕円《だえん》になります。しかし楕円でも円錐の頂点に目をおけば、楕円と円は重なって見えるはずです。このように円錐の切り口に現れる曲線を円錐曲線といいます。楕円も円も円錐曲線の仲間です。もしも、少し離して眺めたとき重なって見える形を「同じ形」ということにするなら、楕円と円は同じ形ということになります。

三角形はたった一つの形になる

もちろんこの見方がまちがっているということではありません。形のこういう分類もありうるということです。この見方をすると、じつは三角形もたった一つの形になってしまいます。つまりどのような三角形でも、工作用紙で切り抜いて少し離して眺めることによって、片目で見通したとき重なるようにできるのです。

ためしに正三角形を切り抜き、斜めに傾けながら片目で眺めてください。確かに正三角形はさまざまに形を変えることがわかります。ただ、どう形を変えても、正三角形が四角形に見えることはありません。ですから、この見方では三角形はすべて「三角形」というたった一つの形で代表されることになります。

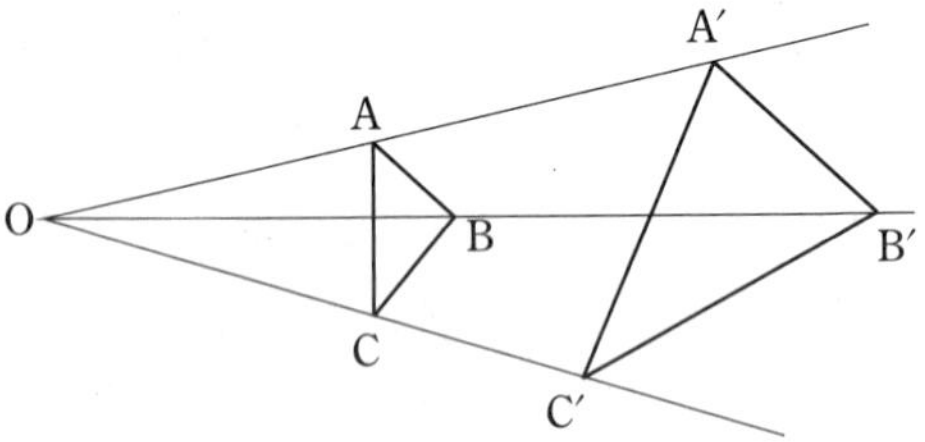

では四角形はどうか、というと、残念ながらというかうれしいことにというか、すべての四角形が重なって見えるということはなく、四角形の場合は形の多様性が保たれています。

ユークリッド幾何学が「相似」という概念で形を捉《とら》えているのに対し、ここでは「見通せる」という概念で形を捉えています。見通すとは、単に拡大縮小するだけではなく、いわば場所ごとに比率を変えて拡大縮小しているということで、このような図形の動かし方を「射影」といいます。射影という視点に立った幾何学を、ユークリッド幾何学に対して「射影幾何学」といいます。射影幾何学では三角形という形は一つしかないのです。

完全に同じ形、つまり平行移動、回転、裏返しなどで動かして重ね合わせることができる図形が「合同」でした。形を一番狭い意味で捉えるなら、合同が形を決めています。ふつうはこれよりも少し意味を広げて「相似」で形を考えることが多いようです。それをさらに広げたのが「射影」という考え方なのです。

5　ライプニッツとオイラー

三角形と四角形を同じ形と見る視点があるか

では、ものの形といったとき、もう少し違った見方はできないのでしょうか。つまりふつうは形とはいわないのかもしれないが、形の性質といったものをもっと掘り下げて考えられないか、ということです。最初にそういう性質について言及したのはライプニッツでした。

ライプニッツといえば世界はモナド（単子）から構成されているという『単子論』で有名な大哲学者ですが、ニュートンと並ぶ微分積分学の創始者として、数学上の業績でも有名です。

そのライプニッツがホイヘンスに宛てて書いた書簡が残っています。その中でライプニッツは「位置の解析」という言葉を使い、図形の性質のうち、長さとか面積に関係ないものを取り上げています。点や線の相互関係を、記号を使って分析することができないだろうか、ということのようです。これは現代的な視点で見ると、必ずしもこれからお話しするトポロジーの話題ではなく、むしろ記号論理学や記号学に近い発想のようですが、ここには数学としての形についてのもう一つの見方の芽があるようです。

前に見たように、射影という考え方で、すべての三角形は「同じ形」と見ることができましたが、射影を使っても三角形と四角形は同じ形とは考えられない。では、三角形と四角形を同じ形と見る視点があるのだろうか。さらにはもっと広げて、すべての多角形が同じ形になってしまうような視点がありうるのだろうか。

ここでは辺や頂点の数も問題ではなくなってしまいます。そこまで考え方を広げても、図形を分類できるような共通の性質があるのでしょうか。これがトポロジーの発想でした。

たとえば、どんな多角形でも、平面を内側と外側に分けます。これは多角形に共通な性質に見えます。

多角形というと、普通に三角形や四角形が思い浮かびます。三角形には凹んだ形がありませんが、四角形になると凹四角形があります。当然、五角形や六角形にも凹んだ形がありますが、それでも、内側と外側があります。

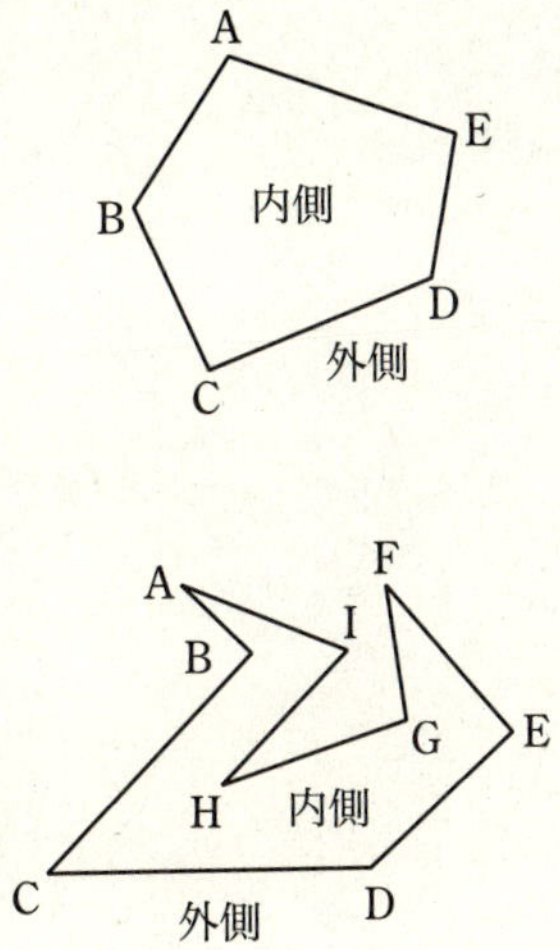

確かに線分やふつうの折れ線はこの性質をもっていないようなので、これで図形を分類することが可能かもしれません。形の分類目録に「内側と外側をもつ形」という項目をつくれば形の新しい見方ができそうです。これが本当に図形を分類する視点になるのかどうかは、あとで調べてみましょう。

オイラーはトポロジーの直接的な創始者

書簡を読む限り、ライプニッツには現代的なトポロジーに直接つながるような考え方はなかったようですが、少し時代が下って18世紀最大の数学者オイラーははっきりとそのような主題をつかまえていました。その意味でオイラーが現代的なトポロジーの直接的な創始者といわれています。オイラーが発見した形の主題とは、「図形のつながり方」のことだったのですが、図形のつながり方といっても余りピンとこないかもしれません。

そこで、章を改めて、図形のつながり方とオイラーの業績についてお話しします。

第2章　つながり方の幾何学

1　幾何学が扱うこと——ひもの形と輪ゴムの形

一本のひもを見てみよう

ここに一本のひもがあります。まっすぐに伸ばせば直線のようになるでしょう。くるっと丸めると丸く円のようにもなります。ひねったり、あるいは三本のピンに絡ませてピンと伸ばせば三角形のようにもなります。もっとも、円といっても三角形といっても、両端を縛らなければひものままです。

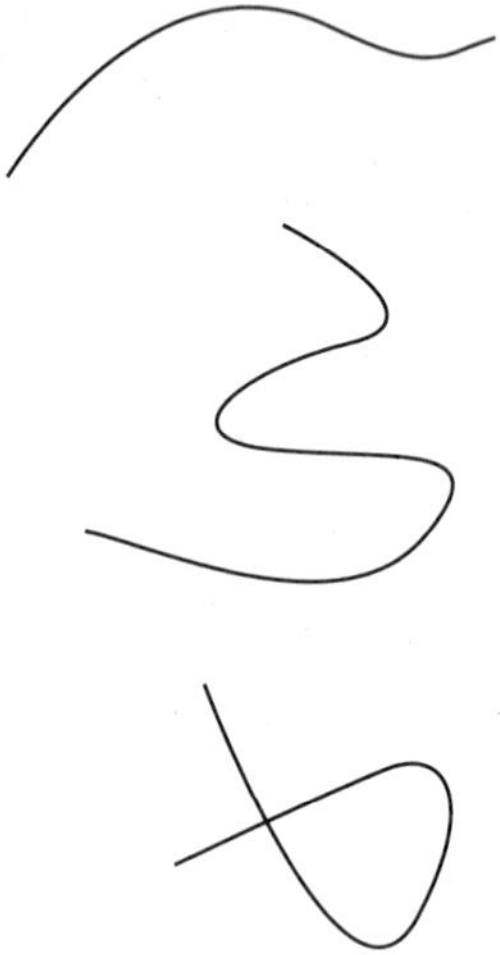

このひもの、形としての性質はなんでしょうか。ふつうに考えられるのは「ひもの長さ」です。長さが1mのひもと長さが80㎝のひもでは長さが違います。でも片方がゴムひもだったら、両端を引っ張って伸ばしてしまえば、長さはいくらでも変えられます。

もっとも、ふつうのゴムひもでは縮めることはできませんから、短くすることはできないでしょう。しかし、ここでは魔法のゴムひもだと考えて、いくらでも伸ばせるし、いくらでも縮めることができるとしましょう。すると、ゴムひもの形はどんどん変わってしまいます。もちろん長さも変わります。しかし、いくら変形しても決して変わらない性質もあるのです。それが「ゴムひものつながり方」にほかなりません。その性質を見るために、ひもとは違ったつながり方をしているものを同時に考えて比較してみます。それが輪ゴムです。

ひもと輪ゴムは形が違う

輪ゴムはふつうに机の上に置けば円の形になります。しかし、今度もひもと同じように、輪ゴムをいろいろと変形することができます。

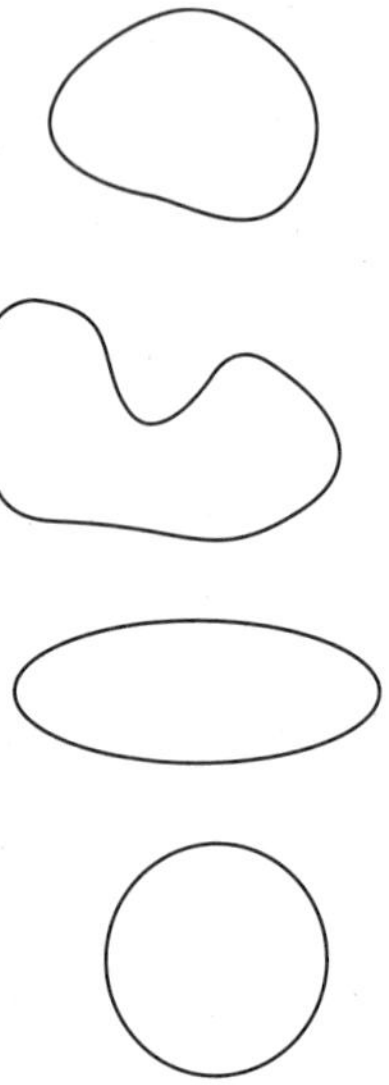

きちんとした円にもできるでしょうし、楕円《だえん》にもできます。おむすび形にもヒョウタン形にも三角形にもできます。要するにぐるっと一回りしてくる線ならどんな形にでもできます。しかし、輪ゴムを切らない限り、これを一本の線にすることはできません。もちろん切ってはいけないのです。

逆に、ひもは両端をくっつけない限り輪ゴムの形にすることはできません。ここでも貼り合わせてはいけません。もちろんひもが輪ゴムにならないことは直感的には明らかで、結んだり、両端を貼り合わせたりすることなしに一本のひもを輪にすることは不可能です。これは材質の問題ではありません。ひもがいくら伸びたり縮んだり自由に変形できるとしてもだめです。

一方、輪ゴムを一本のひもにすることも、輪ゴムを切らないかぎり不可能です。切ったり貼り合わせたりすることなしに、いくらでも自由に形を変える。そんなに自由に変形してもひもと輪ゴムは「同じ形」とはいえない。ここには第1章で紹介した「形」の解釈とは違った形の別の性質がありそうです。

輪ゴムとひもの形の違い、これがトポロジー（topology）という現代的な幾何学が発見した形の新しい性質でした。この性質をどのように数学という形式に乗せて、数学として研究していくことができるのか、これがトポロジーです。トポスとは「位置」とか「場所」の意味です。ですから、トポロジーはトポス＋ロゴスで「位置学」とでもいうべき幾何学で、前章でふれたライプニッツの「位置の解析」の一つの解釈になっていることがわかります。実際、トポロジーの実質的な創始者であるポアンカレは「位置解析」という言葉を使っていて、トポロジーという言葉が定着したのは20世紀になってからでした。

では、輪ゴムとひもの形の違いとはなんでしょうか。それは一言でいえば、「形のつながり方の違い」といえます。「形のつながり方」、これまた漠然とした言い回しで、これだけではもう一つはっきりしないかもしれません。そこでトポロジー発祥の地を訪ねて「形のつながり方を調べる」とはどういうことなのか、その源流の風景をじっくりと眺めてみたいと思います。

2　オイラーの発見――一筆書きとその仲間

ケーニヒスベルクの橋渡りの問題

18世紀半ば近く、1736年のプロイセン、ケーニヒスベルクの街。この街はロシア、カリーニングラードと名前を変えているようですが、現在でも残っています。ケーニヒスベルクは哲学者カントがその生涯を送った街として有名です。カントは決まった時間に同じコースを散歩することでも有名で、言い伝えによれば、カントの散歩の時間が余りに正確なので、街の人たちはカントの散歩で時計を合わせたといわれています。

そういえば、落語の川柳に「先々の時計になれや小商人《こあきんど》」という句がありました。いまでは見かけなくなってしまいましたが、20世紀半ば頃までは八百屋さんや魚屋さんは自転車などで小売りをしていて、決まった時間に決まった場所で商売していたようです。

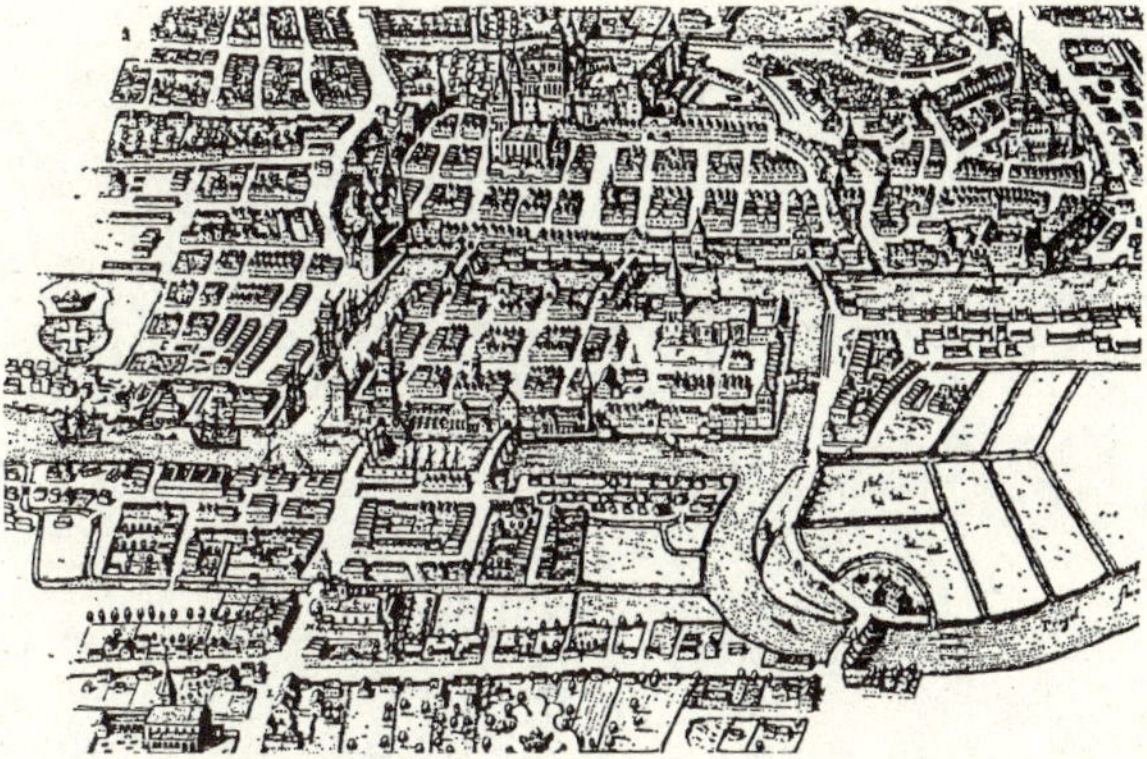

ケーニヒスベルクの古地図

閑話休題

ところで、この街ケーニヒスベルクはもう一人の偉大な学者オイラーの名前でも知られています。ケーニヒスベルクの街の中をプレーゲル川という大きな川が流れています。川の中に島があったのですから、かなり大きな川だと思います。残念ながら行ったことはありませんが。

その島と両岸を挟んで七つの橋が架かっていました。橋の様子を描いた古い絵地図が残っているので紹介しておきましょう。

この七つの橋をちょうど一回だ

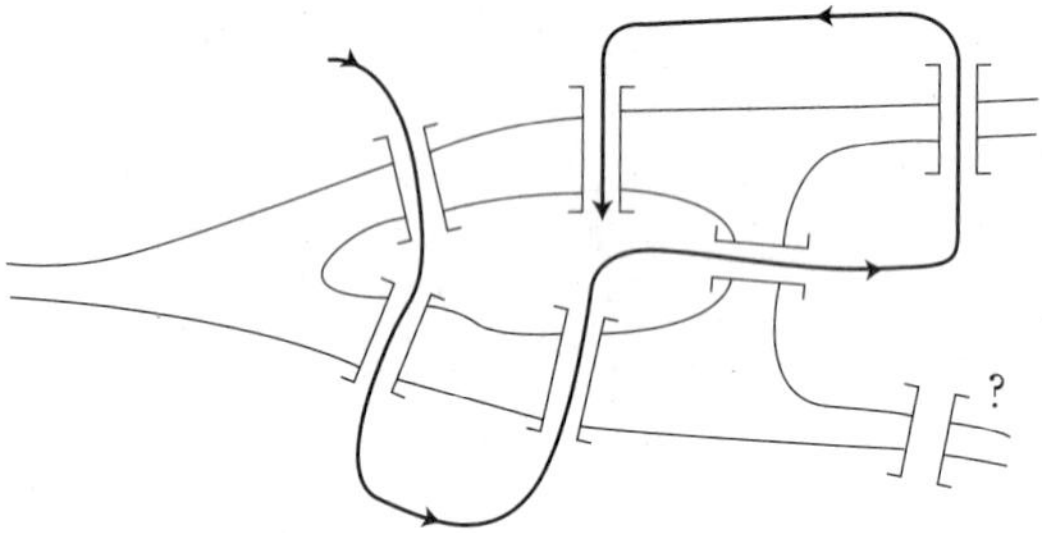

け渡ってもとに戻ってくる散歩コースが存在するだろうか。これが有名な「ケーニヒスベルクの橋渡りの問題」です。カントも散歩の最中《さなか》にこんなことを考えていた、ということはないと思いますが、そんな空想をたくましくしてみるのもおもしろいことです。皆さんも18世紀のケーニヒスベルクに戻って空想の散歩を楽しんでください。

　どうもうまく行かないようです。もとに戻ろうとしても戻ってこられないし、渡れない橋もあります。何回か散歩を試みると分かりますが、どうやら七つの橋をちょうど一回だけ渡ってもとに戻ってくる散歩はできないようです。

トポロジーにおける「グラフ」とは

でも、どうしてできないのでしょうか。できない理由が知りたい。これが数学のおもしろいところでもあるし、一部の人に嫌われるところでもあるようです。こんな問題なら「いくら歩いてみてもできないんだから、それでいいだろ」でも十分なのかもしれません。しかし理屈っぽい人の中にはそれでは納得できず、なぜできないのか、その理由を知りたい、と思う人もいるのでしょう。オイラーもその一人だったようです。

ここには数学という学問のもつ、とても大切な性格の一端が表れています。「何回やってもだめだった。だからできない（だろう）」というのは日常的な推論としては立派に通用しますが、数学では通用しないのです。数学ではできないことの明確な理由が求められます。つまり証明です。証明という方法論をもつことで数学は学問として成立している、このことは十分に理解しておきましょう。

数学も経験から学びます。何回やってもだめだった、という経験はそれが成り立たないだろうという推測の大きな根拠になります。しかし、数学ではそこをもう一歩踏み出すのです。明確な理由があるものなら、その理由をすべての人が理解できる形で

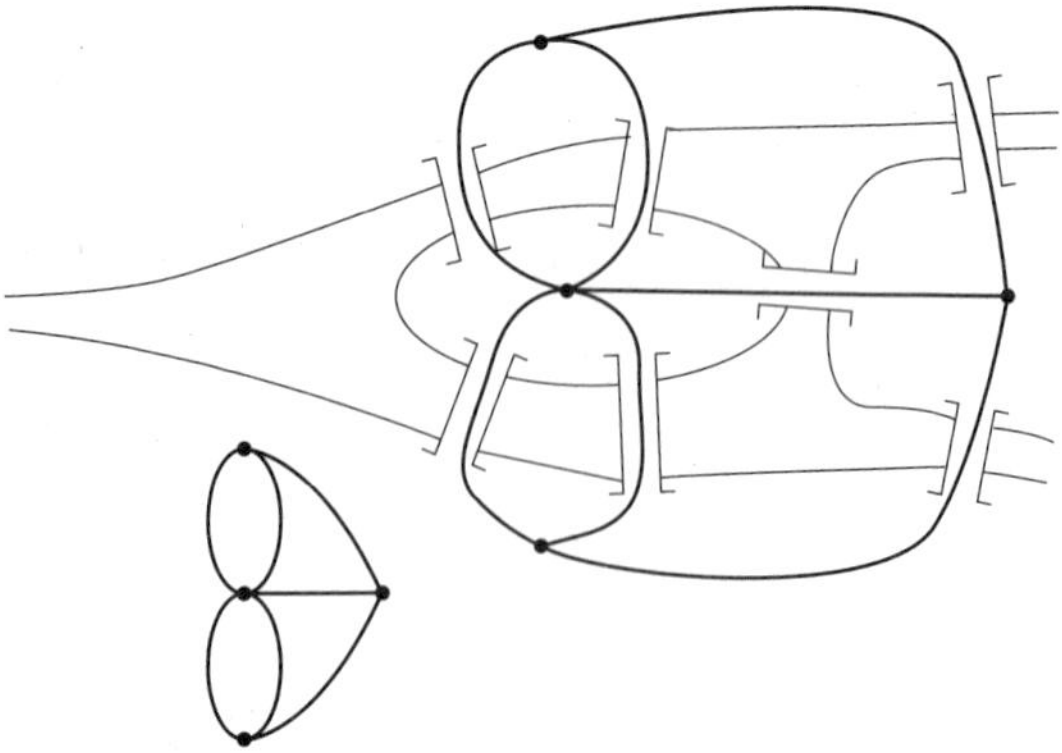

示しておきたい。これが数学の態度なのです。

ここで一言。「算数では証明はない」と考えている人も多いようです。証明とは中学校の幾何学で初めて出てくることであって、それ以外の数学では計算はあるけれど証明はないと思っている人はいないでしょうか。そんなことはありません。計算も立派な証明の手段です。計算して答が求まることで、他の人に納得してもらえるのですから計算も立派な証明の一つなのです。

さて、最初に、このケーニヒスベルクの橋渡りの問題が典型的な「つながり方の問題」だ、ということを確認しておきましょう。この問題の場合、歩く距離、橋の長さ、その橋が石造りなのか木の橋なのか、道が曲がっているのか直線道路なのかということは関係ありません。島と両岸がどのように橋でつながっているのかだけが問題になります。そこで、思い切ってすべてを簡略化、抽象化して、岸や島を一つの点で、橋を点と点を結ぶ線で表現してみます。すると、右頁の図のような点と線でできた形ができます。

一般に、いくつかの点をいくつかの線で結んだ図形を「グラフ」といいます。ふつうはグラフというと、1次関数や2次関数のグラフ、あるいは三角関数のグラフといった関数のグラフを指すことが多いのですが、トポロジーではこのような点と線のつながり方を示す形をグラフといいます。網目といったほうがわかりやすいかもしれません。定義として書いておきましょう。

【定義】 有限個の点を有限個の線で結んだ図形をグラフという。ただし、線の両端は必ず点になっているものとする。グラフの点をグラフの頂点、線をグラフの辺という。辺は立体交差をしていてもよいが、頂点以外では交わらない。

線の両端は必ず点になっているものとする、という条件は何となく当たりまえのような気がするかと思いますが、グラフでは頂点と辺を厳密に区別するので、このことを強調する意味も込めて、こう決めます。

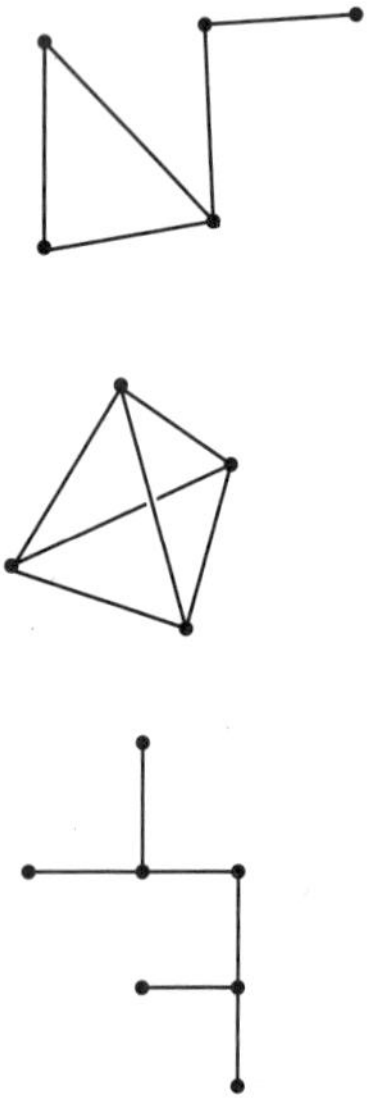

出発点に戻る一筆書きが成り立つ必要条件

こうすると、問題は「このグラフの辺をちょうど一度だけ通過するようなひとつながりの道があるだろうか」といいかえることができる、別の言葉でいえば、「このグラフは一筆書きできるだろうか」という問題になります。一筆書きとは、点と線でできたある図形を、鉛筆を紙から離さずにひとつながりの図形として書くことができるだろうか、というパズルで、子どもの頃に頭を悩ませながら遊んだ経験がある人も多いと思います。

いくつかの図形をあげておきますので、一筆書きできるかどうか試してください。

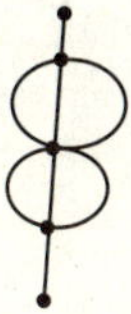
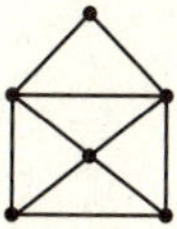
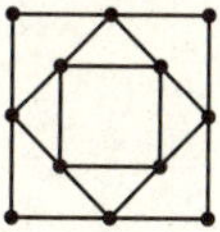
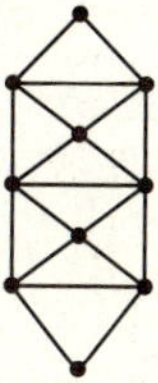

この一筆書きパズルにはトポロジーの源流となる、とてもおもしろい数理が潜んでいたのです。オイラーがその事実を見つけたのは１７３６年のことでした。

このような問題を考えるとき、数学者はまず「一筆書きできる図形はどんな性質をもっているのだろうか」ということを考えます。

数学では一筆書きできるための必要条件といいます。必要条件がわかれば、その条件を満たさない形は一筆書きできないということがわかります。「なになにだと仮定するとどんなことがいえるのだろうか」という思考方法も数学の得意とする考え方ですが、これは一般にも通用するとても大切な考え方です。そこで図形が一筆書きできるとしたらどんな性質をもたなければならないのかを考えましょう。

最初に、一筆書きできる図形の出発点と終点が同じ場合を考えます。つまり、ある点から出発し、その点に戻ってくる散歩コースです。皆さんもグラフの上を点になったつもりになり、ぐるぐると散歩してみてください。

じっと考えていると、こんなことがわかります。

散歩コースの出発点でも終点でもない点（これを「通過頂点」と呼ぶことにします）については、ある辺を通ってその点に入ってくると、別の辺を通ってその点から出ていくことになる、つまりその頂点はまさしく読んで字のごとく通過頂点です。したがって、通過頂点では入る辺と出る辺が必ずペアになっています。ということは、通過頂点に集まる辺の数は必ず偶数になっています。

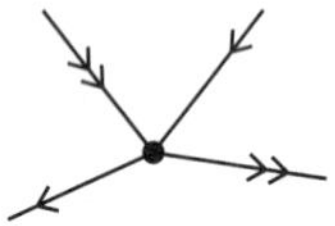

では出発点ではどうでしょうか。出発点では最初にある辺を通って出発します。一度出発してしまうと、あとはその頂点を通過するときは通過頂点と同じことになり、入ってくる辺と出ていく辺がペアになります。いまの場合は最後に出発点に戻ってくるので、最後に入ってくる辺と最初に出ていった辺をペアにすれば、結局、出発点＝

終点でもすべての辺がペアになり、この頂点に集まる辺の数も偶数です。

おもしろいことがわかりました。出発点に戻ってこられる一筆書きコースがあるのなら、どの頂点でもそこに集まる辺の数は偶数なのです。これが必要条件の一つです。偶数本の辺が集まっている頂点を偶頂点、奇数本の辺が集まっている頂点を奇頂点といいます。したがって、

「出発点に戻ってくる一筆書きが可能なグラフなら、すべての頂点は偶頂点である」

ということがわかりました。

一筆書きが成り立つ十分条件

ここで、「ケーニヒスベルクの橋渡りの問題」に戻ってみると、あのグラフでは奇頂点が四つもあり、したがって、全体を一回りしてもとに戻ってくるような散歩コースは存在しないことがわかります。これでケーニヒスベルクの橋渡りの問題についてはひとまず解決がつきました。必要条件を考えることがどんなに有効だったのかをもう一度よく確認してください。

ではこの問題をもう少し研究してみましょう。散歩道の出発点と終点が違ってもよいとするとどうなるでしょう。

今度は最後に出発点に戻ってこないので、出発点では最初に出ていく一本の辺があり、あとは通過するたびに二本ずつ辺が増えていく。また、終点では途中通過するたびに二本ずつ辺が増え、最後に入ってくる一本の辺がある、というわけで、出発点と終点だけは奇頂点となり残りは偶頂点となります。まとめると次の定理が得られます。

定理　グラフが一筆書きできるなら、すべてが偶頂点か、または、奇頂点がちょうど二つだけある。その二つの奇頂点は出発点と終点でなければならない。

ところで、数学は厳密性を重んじる学問です。ケーニヒスベルクの橋渡りの問題の場合、一筆書きできるとしたらどういう性質をもっていなければならないか（必要条件）を考えて右の定理ができました。数学ではこのようなとき、逆にそのような性質をもっているグラフは必ず一筆書きできるだろうかということを問題にします。これを十分条件といいます。必要条件であると同時に十分条件でもある性質（これを必要十分条件という）が見つかってはじめて、もとの問題が完全に解決されたといえるのです。

では、この性質が十分条件でもあるのかどうかを考えてみましょう。一般に十分条件の証明のほうが必要条件の証明よりむずかしいことが多い。それは個別の性質ではなく一般的な性質を考えなければならないからです。

最初にすべての頂点が偶頂点であるグラフが一筆書きできることを証明します。

任意の頂点を一つ選び、そこから出る辺を自由に選びます。そして行けなくなるまで続けて辺をたどっていきます。辺は有限個しかありませんから、いつかは行き詰まるのですが、それはどの頂点でしょうか。すべての頂点が偶頂点なので、入ったら出ることができますが、「唯一例外の頂点は？」そうです。出発点だけは最初に一本の辺を消費しているのでいつかは通過することができなくなります。したがってこのような一筆書きの散歩道は必ず出発点に戻って終わります。

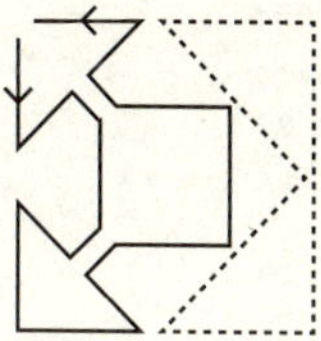

S_1

この散歩道S_1がグラフのすべての辺を通過しているなら、これが求める一筆書きです。通らなかった辺が残っているとき、残った辺全体からできる新しいグラフを考えると、このグラフの頂点（これはもとのグラフの頂点です）もすべて偶頂点です（なぜでしょう？）。ですから、同じように、この新しいグラフ上のS_1の頂点Pから出発し、自分自身に戻ってくる散歩道S_2があります。

ここで、二つの散歩道S_1、S_2から新しい散歩道を次のようにしてつくります。S_1の出発点からはじめて、散歩道S_1を順にたどり、S_2の出発点Pに出会ったら、そこから散歩道S_2に乗り換えて散歩道S_2をたどる。この散歩道はもとの頂点Pに戻ってくるので、そうしたら再び散歩道S_1をたどる。

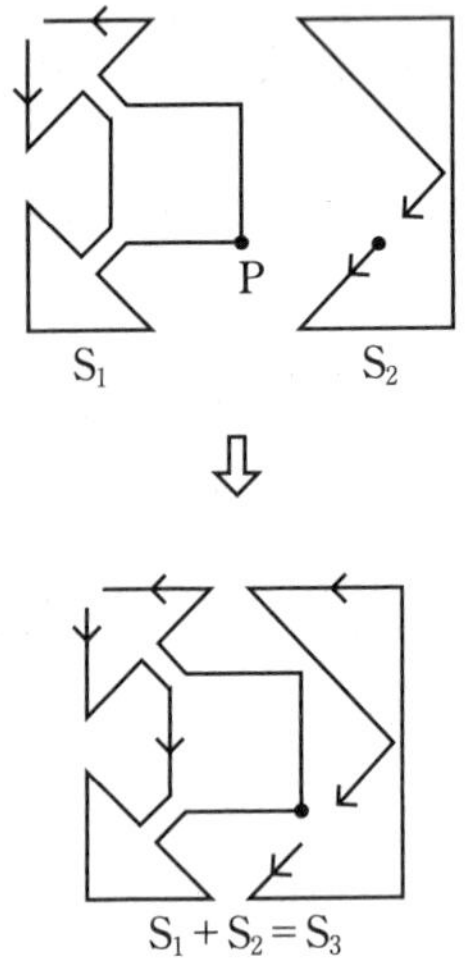

こうして二つの散歩道S_1とS_2を合体させた新しい散歩道S_3ができます。もし、この散歩道がもとのグラフのすべての辺を通過していれば、これが求める一筆書きです。通らなかった辺が残っているとき……、そうです。結局同じことですね。残った辺と頂点が表すグラフを考えて、その上を通る散歩道を同じように付け加えていけばいいのです。グラフの辺は有限個しかありませんから、いつかはすべての辺を通過する一筆書きができます。

この証明を眺めてみると、いままでの計算主体の数学とは少し違った数学の顔が見えます。結局、証明とはいかに相手に納得してもらうかの方法なのです。そのとき記号や計算を使ったほうが簡明なので、多くの証明には記号、計算を使うのですが、記号化がむずかしいときは先の証明のように言葉で説明するほかありません。そこで一番大切なのが明快な論理なのです。

オイラー路、オイラー回路

では、奇頂点が二つあるグラフはどうでしょうか。

こんなとき、数学者はなにを考えるのでしょうか。多くの自然科学がそうであるように、数学も経験から学びます。ただ、数学の経験は日常的な経験ではなく、同じような考え方、手法、似たような問題を解いた経験などです。数学的な類推といってもいいかもしれません。そこで、いまの場合はすべての頂点が偶頂点である場合の考え方を使えないだろうかと考えてみましょう。

いま、奇頂点が二つあるグラフ（散歩道）をGとして二つの奇頂点をP、Qとします。そこで頂点P、Qの間にもう一本バイパスの辺を引いてみるのです。このバイパスはそれまでの辺と立体交差していても構いません。

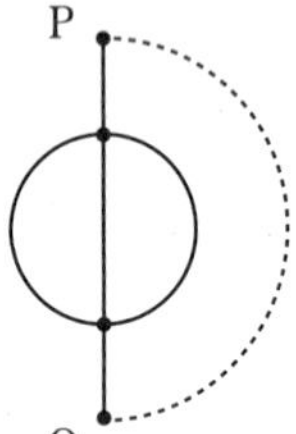

こうすると、二つの奇頂点に一本の辺が付け加わったので、P、Qは偶頂点となり、Gのすべての頂点が偶頂点となります。したがって、前の証明から、このグラフは一筆書きができ、しかもその一筆書きは出発点に戻ってくる周遊路です。

周遊路ということは、これらの辺を順番にたどるとぐるっと一回りして出発点に戻ってくる、つまり、一つの円周になっている、ということにほかなりません。しかも、この円周上のどこかに、新しく付け加えた辺があり、その両端はPとQになっているはずです。

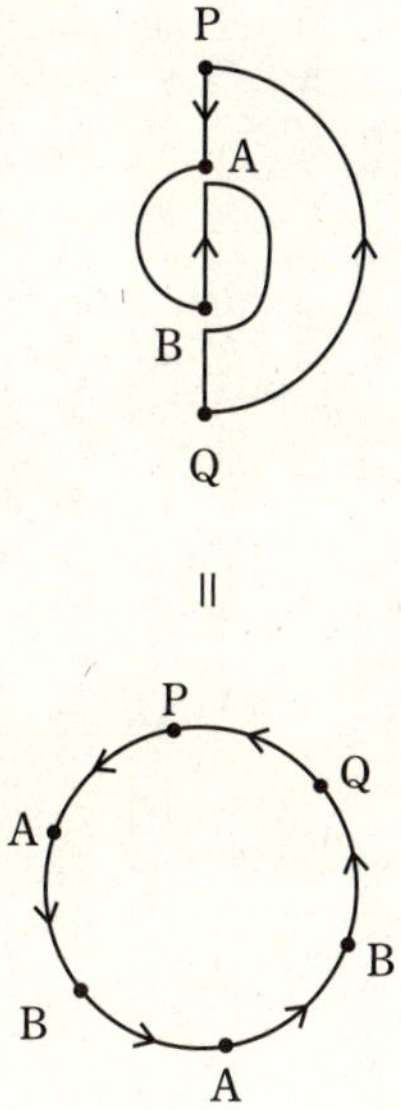

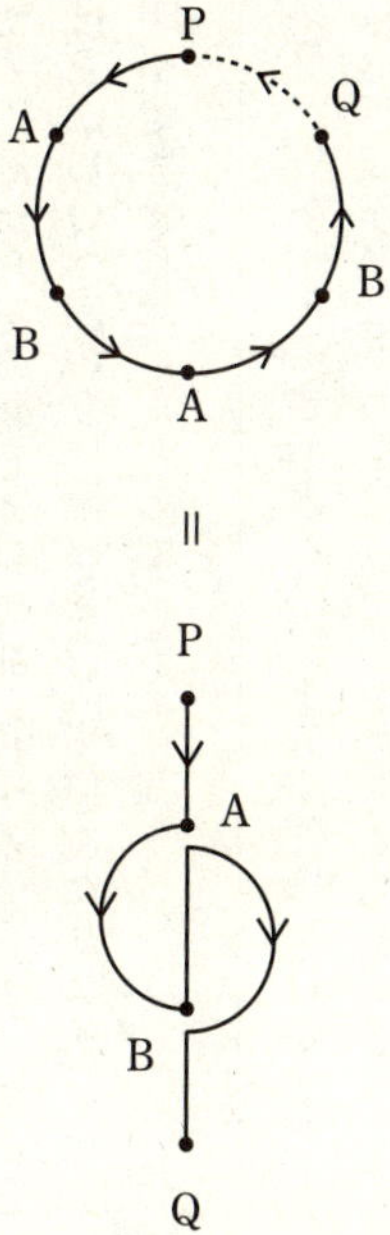

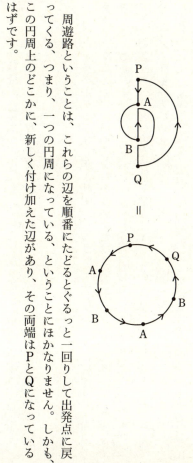

そこで、この円周からその新しく付け加えた辺を取り去ってもとの辺だけに戻す。するると、道はPからQへ向から一筆書きの散歩道になります。

これで証明ができました。まとめておきましょう。

定理 グラフGが一筆書きできる必要十分条件は、Gのすべての頂点が偶頂点、あるいはGがちょうど二つの奇頂点をもつことである。さらにすべてが偶頂点である場合は任意の頂点から出発し、その点に戻ってくる散歩道があり、奇頂点二つの場合は、その片方の奇頂点から出発し、もう一方の奇頂点で終わる散歩道がある。

じつはオイラーが1736年に証明したのはケーニヒスベルクの橋渡りが不可能であるということで、奇頂点の個数が0個または2個であることがグラフが一筆書きできるための必要十分条件になっていることは証明していないようです。このように、グラフの辺をちょうど一度だけ通る道をオイラー路といい、特に一周して戻ってくる道をオイラー回路といいます。

和算書にも、もっと複雑な橋渡りの問題があったようです。興味がある方は平山《ひらやま》諦《あきら》『東西数学物語』（恒星社厚生閣）を参照してください。

3　部屋渡りの問題――ハミルトン回路

さて、一筆書きはグラフのつながり方の問題でしたが、この仲間でちょっとおもしろい問題があります。

次頁上図のような美術館（？）があります。どこかの展示室から出発して、すべての展示室を一度だけ鑑賞し、最初の展示室に戻ってくるような順路があるでしょうか。

実際にはこんな美術館はなさそうですが、これもケーニヒスベルクの橋渡りの問題と同様に、それぞれの展示室を点で、展示室と展示室の間の通路を線で表すと、次頁下図のようになります。

最初にも述べた通り、グラフは実際の点と線ではなく、モノとモノとの関係を抽象的に表していると考えることもできました。ですから次ページの田の字のグラフも、これがこの美術館の展示室の抽象的なつながり方を表現していると考えられるのですね。

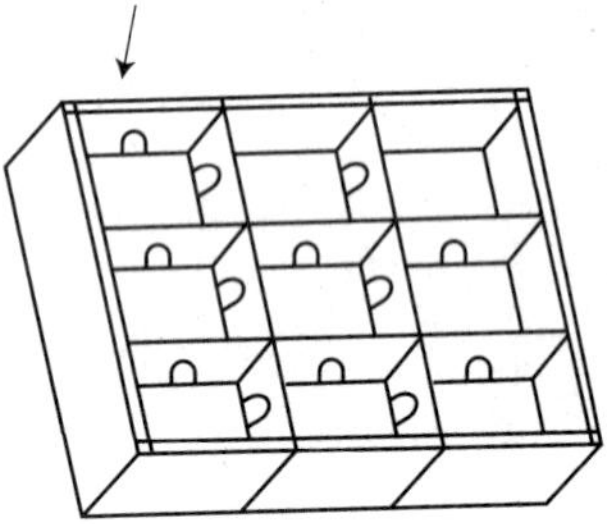

グラフ1

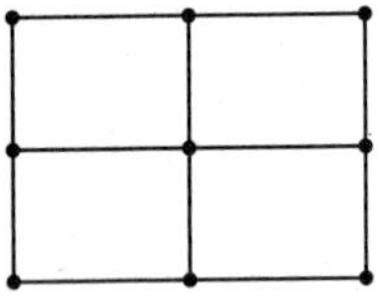

これも、それぞれの美術館の各展示室のつながり方を表すグラフになっています。すべての展示室を通って元に戻ってくる順路は、グラフの上では、すべての頂点を一度通過して元の頂点に戻る道になります。
　結局この問題はケーニヒスベルクの橋渡りの問題と似てはいますがちょっと違っていて、「グラフのすべての頂点を一度だけ通り、元に戻ってくる順路があるか」という問題になります。
　今度も少し試してみると、最初の美術館のグラフ1では元に戻ってくるような道は存在しないが、次の美術館のグラフ2では元に戻ってくる巡回路が存在することがわかるでしょう。

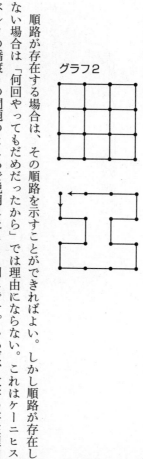

グラフ2

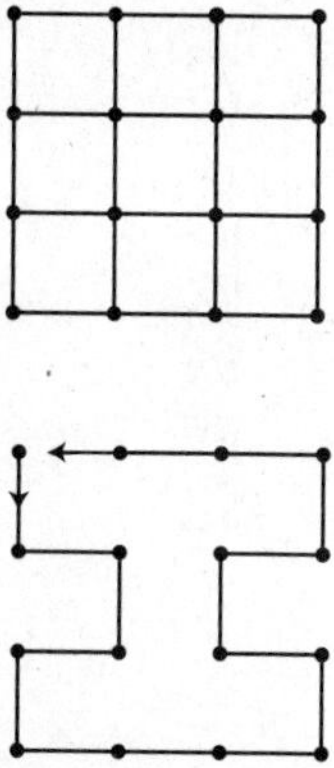

順路が存在する場合は、その順路を示すことができればよい。しかし順路が存在しない場合は「何回やってもだめだったから」では理由にならない。これはケーニヒスベルクの橋渡りの問題のところで説明したことと同じです。いわば、数学の存在理由、よって立つ基盤の一つです。頂点の個数は有限個なので、すべての巡り方を試してみれば、順路が存在しないことが証明できますが、ふつうはこれは手間がかかりすぎて不可能です。

オイラー回路の場合はグラフの頂点を通る辺の数を数えることで、グラフがオイラー回路をもつかどうかが判定できました。今度はどうでしょうか。

グラフの頂点をちょうど一度だけ通過する道をハミルトン路といい、とくに元に戻ってくる道をハミルトン回路といいます。グラフがハミルトン回路をもつための必要十分条件はなんだろうか、これが問題です。オイラー回路の場合と同じように、簡単できれいな条件を見つけたいのです。

オイラー回路の問題とハミルトン回路の問題はよく似ているので、ハミルトン回路でも簡単な判定法が見つかりそうですが、じつは不思議なことに現在も、グラフがハミルトン回路をもつかどうかの簡単な判定法は残念ながらわかっていないのです。そのため、ハミルトン回路については、個別のグラフに対して判定をしていくほかありません。

美術館の巡回路の問題については次の節で述べるように、とてもエレガントな方法があります。

4　美術館の巡回路の問題

2色塗り分けの可否

二つの美術館でそれぞれの展示室を2色で市松《いちまつ》模様に塗り分けてみるのです。その色をAとBとしましょう。展示室のつながり方から、Aの展示室からはBの展示室へ、Bの展示室からはAの展示室へ行くほかありません。同じ色の展示室に直接には行けないことに注意しましょう。

この2色塗り分けはグラフで考えると、グラフの頂点にA、B、2つの色を割り振り、辺でつながっている頂点は別の色になるようにするということです。

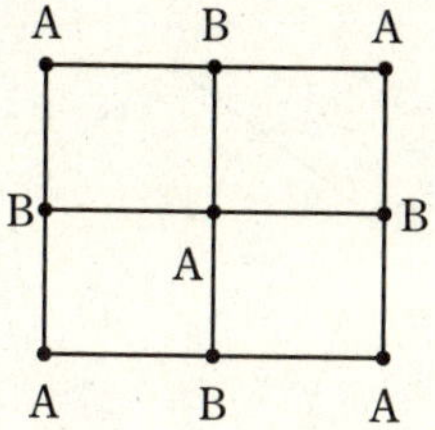

どのようなグラフでも、頂点の2色塗り分けが可能というわけではありません。簡単な例でいえば、こんなグラフでは頂点の2色塗り分けができません。

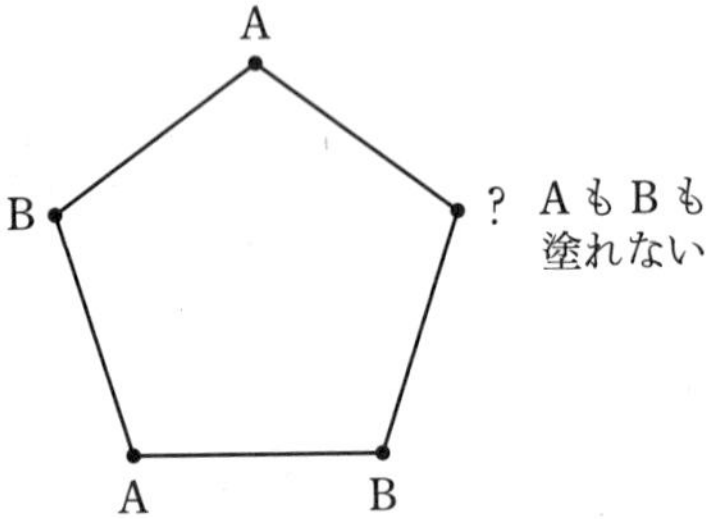

美術館のグラフ1と2はどちらも2色塗り分けができます。ところが、二つのグラフの塗り分けで違っていることが一つあります。それは最初のグラフ1ではAの展示室がBの展示室より1室多く、一方、2番目のグラフ2ではAの展示室とBの展示室は同数であるということです。

　グラフがハミルトン回路をもったとすれば、それは一回りする巡回路になっているはずで、その巡回路の上にAの頂点とBの頂点は交互に出てくるはずです。したがって、2色で塗り分け可能なグラフがハミルトン回路をもてば、AとBの頂点の個数は必ず同じになります。これは2色塗り分け可能なグラフという条件の下ですが、グラフがハミルトン回路をもつための必要条件になっています。

　これで、最初の美術館ではすべての展示室を一度だけ通過して元に戻ってくる巡回路は作れないことがわかりました。

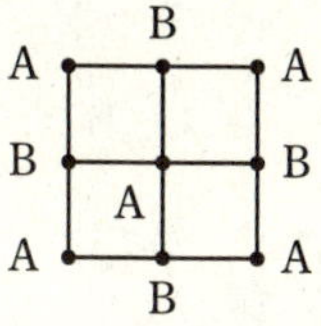

A = 5
B = 4

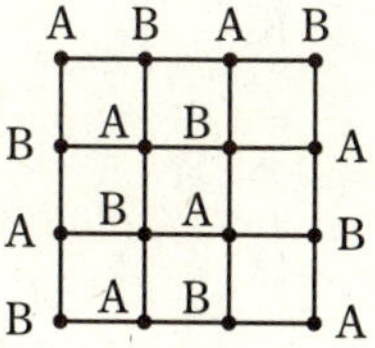

A = 8
B = 8

ハミルトンの世界一周パズル

　ところで、ハミルトン回路の問題は「ハミルトンの世界一周パズル」としてよく知られています。こんなパズルです。

正12面体の20個すべての頂点に世界各国の都市の名前をつけます。たとえばロンドンから出発して、すべての都市を一度だけ訪問しロンドンに戻ってくる経路があるだろうか？

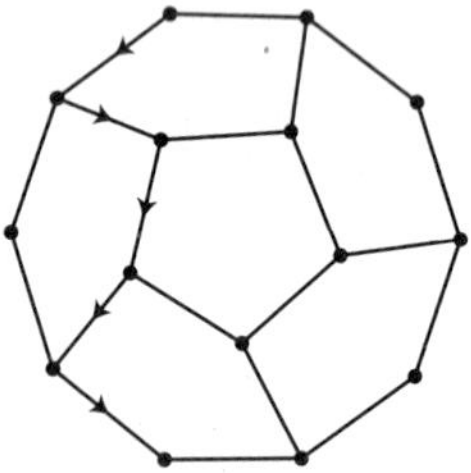

これは正12面体の頂点を一度だけ通過するハミルトン回路を見つける問題です。このパズルはそれほどむずかしくないので、手作業で考えても解答を見つけることができます。立体で考えるのは、正12面体の模型があればいいのですが、頭の中で考えるのは少し辛《つら》いかもしれません。こんなとき、トポロジーでは「展開図」を考えます。

ただし、展開図といってもユークリッド幾何学的な展開図ではなく、トポロジーとしての展開図です。

正12面体の一つの面を切り取ってしまい、全体がゴム膜でできていると考えて、その面を広げて残りの面を平面上に押しつけてしまうのです。

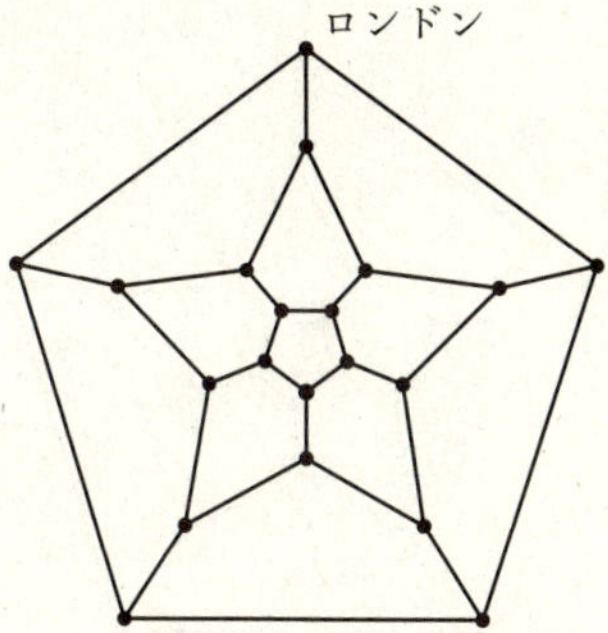

こうすると、面の形は正五角形から歪《ゆが》んだ五角形に変わってしまいますが、辺と頂点のつながり方だけは変わりません。こうして平面上でハミルトンの世界一周パズル

を楽しむことができます。

ではこの地図で世界一周に出発しましょう。

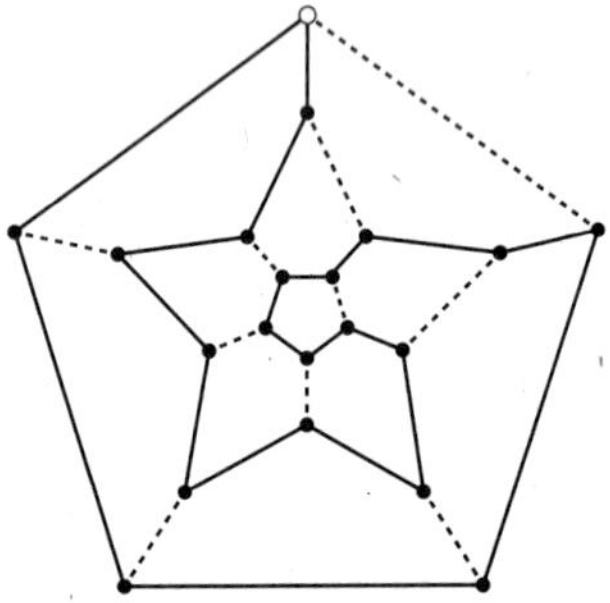

無事、世界一周旅行ができました。

面を一枚切り取って多面体を平面に展開するという方法は、頂点のつながり方だけを問題にする場合はとても有効な考え方で、トポロジーという数学の特徴をよく表していると思います。

第3章　曲線のトポロジー　オイラー・ポアンカレの定理

1　つながっている？　いない？

連結の定義

第2章では点と線でできた図形＝グラフのつながり方を、頂点から出ている辺の本数を数える、あるいは頂点を2色で塗り分けてみる、という方法で調べてみました。それぞれはある意味とても素朴な方法で、方程式を解くとか関数を微分してみるなどのいかにも数学らしい方法に比べると、素朴すぎてあっけないような気もしますが、ここには数学という学問のもう一つの顔が現れています。それは「数学とはアイデアの学問である」ということです。数学の問題がいつもアイデア一発でエレガントに解けるというわけではありません。泥臭い計算をじっくりとしなければならないことも多いのですが、問題の本質をうまく取り出すことができれば、エレガントなアイデアでほとんど計算をせずにすむこともたくさんあるのです。ではしばらく、なるべくエレガントな方法でグラフのつながり方を調べていきましょう。

つながり方とはなにか、これはある意味、とてもむずかしい質問です。実際トポロジーという数学はこの「つながり方とはなにか」に数学的にきちんとした解答を与えるために考え出されたということもできるでしょう。ここでは点と線からできている図形（グラフ）についてそのつながり方を調べていきます。

最初にグラフがつながっているということをきちんと決めておきます。

【定義】 グラフの任意の頂点から他の任意の頂点にグラフの辺をたどって行けるとき、グラフは連結であるという。

この定義は余りに明らかで説明する余地がないのですが、これがつながっているということのプロトタイプです。

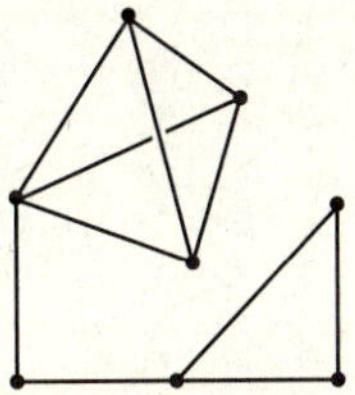

連結グラフ

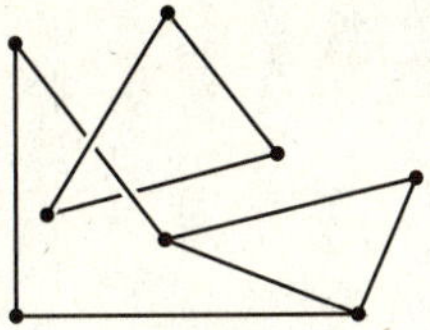

非連結グラフ

連結していないグラフを非連結グラフといいます。非連結グラフで連結している部分をそのグラフの連結成分といいます。グラフが連結成分をいくつもっているのか、というのはとても大切なことですが、これはグラフを見ればわかるという意味で簡単なことです。簡単なことなのですが、連結成分の個数が違っているグラフは決して同じグラフにはならないということはグラフが同じか違うかを調べる第一歩です。ですから、連結成分の個数を数えるということを確認しておきましょう。ただ、連結でないグラフを考えるということは、いくつかの連結グラフを同時に考えることですから、基本的には連結なグラフを扱うだけで十分です。

0次元ベッチ数とは

というわけで、これからは連結成分がただ一つのグラフについて話を進めましょう。グラフの連結成分の個数をグラフの0次元ベッチ数といいます。この用語を使っていえば、0次元ベッチ数が違う二つのグラフは同じにならないことになります。これは名前だけですが、紹介しておきます。

さて、次の図を見てください。どちらも連結成分が一つの連結グラフです。しかし、感覚的に二つのグラフのつながり方が違っていると思えるのではないでしょうか。その違いの感覚はどこからくるのでしょうか。

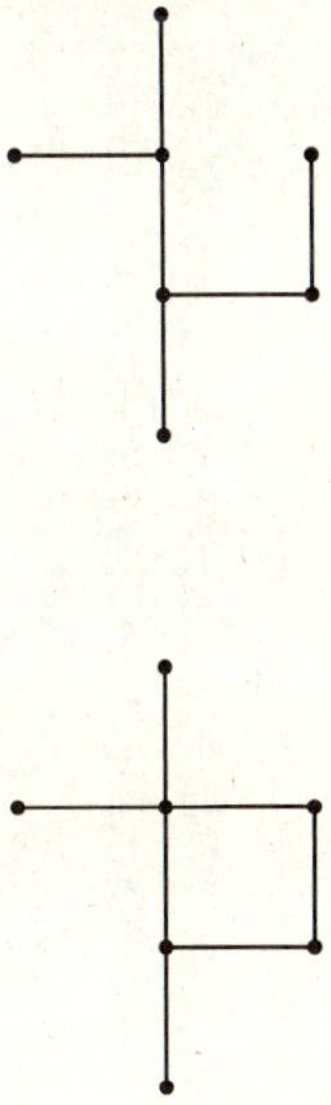

「片方はどこも一本道だけど、もう一方はぐるっと一回りしている道がある」

確かにその通りなのですが、その感覚的な理解を数量として表すことができないだろうか、というのが問題です。この場合も、「ずーっと一本の線」が直線でも、途中いくらかグニャグニャしていても影響はありません。また、「ぐるっと一回り」のぐるっとが本当の円でも、多少ゆがんだ円や楕円《だえん》であっても影響はありません。つまり、ここで問われているのは確かに形の性質ではあるのですが、三角形や四角形、円などというときの形の性質とは違っているのです。

その違いはこのグラフを鉄道線路と考えるとよくわかります。片方は二つの駅を一本の線路がつなぎ、もう片方は環状線で、いくつかの駅がぐるっと並んでいます。この鉄道線路が事故で一ヵ所不通になってしまいました。すると、「ずーっと一本の線」の鉄道では両端のターミナル駅どうし、あるいは不通個所の両側の駅どうしはつながらなくなってしまいます。「ただいま事故のため、××線は○○駅と○○駅の間が不通になっております」というわけです。

ところが、環状線では様子が違います。一ヵ所が事故で不通になったとしても、駅どうしはつながっています。山手線《やまのて》で東京と神田《かんだ》の間が不通になったとしても、東京から渋谷《しぶや》、新宿《しんじゆく》、池袋《いけぶくろ》、上野《うえの》と大回りすれば、山手線で東京から神田まで行くことができます。

（余談。いまJRの東京近郊路線では同じ線を通らない限り、隣り駅まで大回りして行っても料金は同じままです。これを利用して、大回りの旅行を楽しむ人がいるようです。東京から神田まで、山手線外回りで新宿、中央《ちゆうおう》線で八王子《はちおうじ》、八高《はちこう》線で高崎《たかさき》、高崎線で上野、上野から京浜東北《けいひんとうほく》線で神田、これで東京から神田までの大回りの旅が完成します）

もちろん、環状線でも二ヵ所で事故が起き不通になれば、全体がつながらなくなってしまいます。

2　グラフと1次元ベッチ数

1次元ベッチ数を計算する

一般に、あるグラフについて、最大いくつまでの不通個所がでても全体がひとつながりになっているか、という数をそのグラフの1次元ベッチ数といいます。ずーっと一本の線のグラフの1次元ベッチ数は0、環状線グラフの1次元ベッチ数は1です。もう少し直感的な言葉でいえば、グラフを二つ以上の部分にバラバラにすることなしに最大何ヵ所切断することができるか、その切断数が1次元ベッチ数です。

【定義】　グラフGからうまくn本の辺を選んで取り去ってもGが連結したままだが、$n+1$本の辺をどう取り去ってもGが連結でなくなるとき、Gの1次元ベッチ数はnであるという。

いくつかの具体例で1次元ベッチ数を計算してみましょう。グラフ全体がひとつながりになるように、グラフの辺を何本かうまく選んで切断するのです。慎重に切らないとグラフがバラバラになってしまうので注意してください。

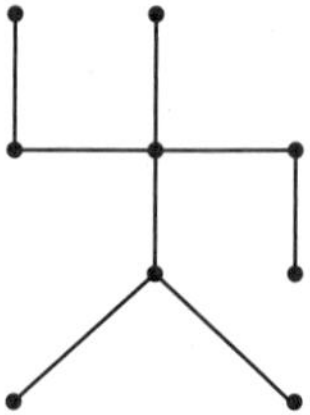

ベッチ数0

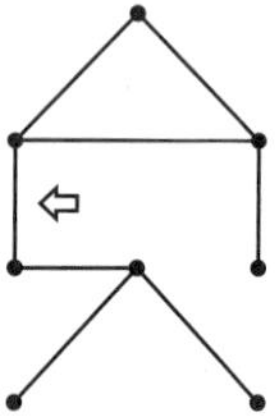

ベッチ数1

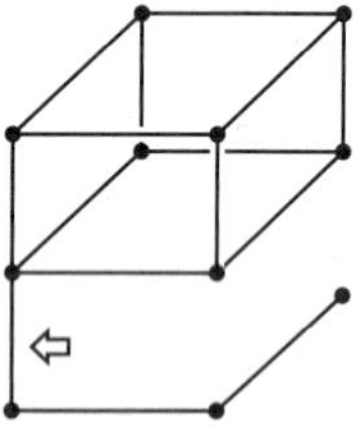

ベッチ数5

簡単なグラフなら切断箇所をまちがえることはなさそうですが、複雑なグラフになると切断箇所をまちがえそうです。たとえば、右の例のグラフで矢印の箇所を切断してしまえば、いっぺんに二つの部分に分かれてしまいますが、これは切断する箇所が最悪だったためで、もう少し「うまく」切断すれば、バラバラにすることなく切断箇所を増やすことができます。

ベッチ数を計算するときは、このように「うまく」切断すれば何ヵ所切れるかが問題になるので、切り方は慎重に選ぶ必要があるのです。この切断数をもう少し簡単に、つまり実際に切ってみることなく計算することはできないでしょうか。

じつはとてもうまい計算方法があります。その秘密は小学生が学ぶ植木算の中に隠れていました。

3　植木算とベッチ数

植木算とツリー

グラフをもう少し別の面から眺めてみましょう。みなさんは小学生のとき、植木算をしたことがあるでしょうか。

「100mの道路に5mおきに木を植える。木は何本必要か？　ただし道の出発点と終点には必ず木を植えることにする」

という問題です。あわてる人は「100÷5＝20で20本」と答えてしまいそうなのですが、正解は「100÷5＝20、20＋1＝21で21本」です。

小学生時代、なぜ最後に1をたすのかがよく理解できなかった人もいるかもしれません。それは道の両端には必ず木を植えるという約束があるからです。100÷5＝20というのは木の数ではなく木と木の間の数を数えたことになるので、最後に1をたし

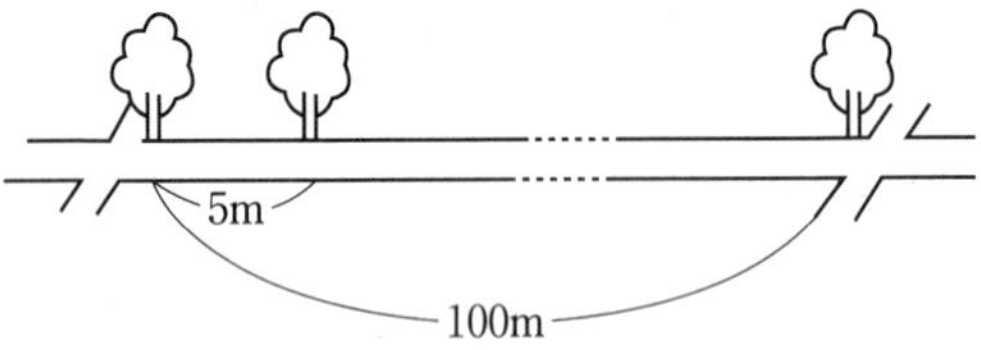

たのでした。したがって、一本道では木の数は21本、つまり「木の数＝間の数＋1」が成り立っています。

ではいつでも「木の数＝間の数＋1」となっているのでしょうか？　植木算では次のタイプの問題もあります。

周囲 100m

「周囲100mの池がある。この池の周りに5mおきに木を植える。木は何本必要か？」

今度は「100÷5＝20、20＋1＝21で21本」と答えるとまちがってしまう！　のです。この問題では「100÷5＝20で20本

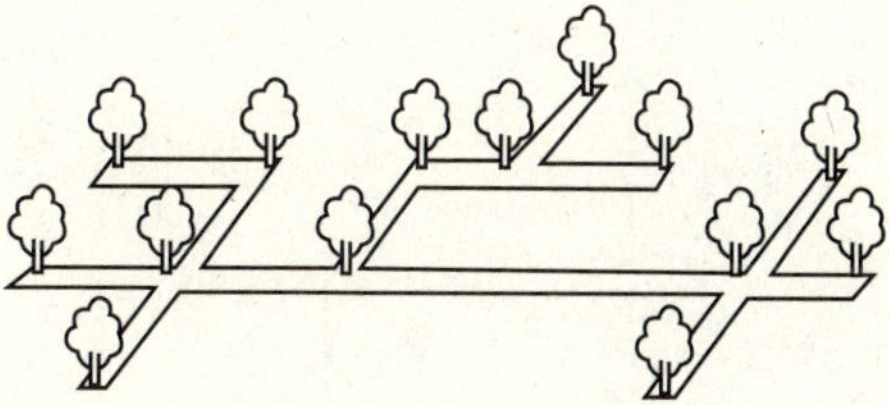

の木が必要」というのが正解です。
　どうして1をたさなくてもよかったのかといえば、今度は池の周囲なので、両端がない、つまり間の数と木の数は一致しているのです。
　このあたりの事情は環状道路がなければ、もう少し複雑な道路でも同じです。ただし、約束として、

（1）道路の端には必ず木を植える
（2）交差点には必ず木を植える

とします。

　このとき上のような複雑な道路でも、やはり「木の数＝間の数＋1」が成り立っています。

　このような道路ではどこでも一ヵ所不通になると、全体が二つに分かれてしまうことに注意してください。つまり、この道路網の1次元ベッチ数は0です。

　1次元のベッチ数が0、つまり一ヵ所でも不通になると全体が二つに分かれてしまうグラフは、とても大切なので、特別な

名前が付いています。

【定義】1次元ベッチ数が0であるグラフをツリーという。

ツリーではない

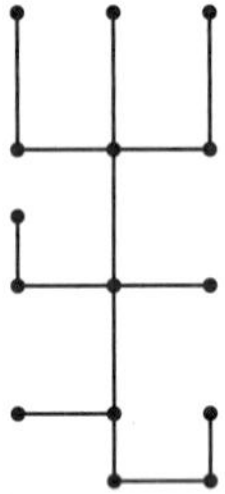

ツリーである

オイラー・ポアンカレの定理

ツリーについては次の大切な定理が成り立ちます。これが植木算の考え方の背後にある性質で、このあとに紹介する「オイラー・ポアンカレの定理」の源流にほかなりません。

定理　ツリーの頂点数aと辺数bの間には次の関係がある。

$$a - b = 1$$

証明　ツリーの辺の数bについての帰納法で証明する（数学的帰納法はこんな場合に使われるとても大切な考え方です）。

（1）　$b = 1$のとき定理が成り立つことを示す。

辺が一本しかないツリーは次のようなグラフしかない。

このときは$a = 2$、$b = 1$なので$a - b = 1$が成り立っている。

（2）　$b \leqq n - 1$については定理が成り立っていると仮定して、$b = n$のときにも成り立つことを示す。

Tを辺数がnのツリーとする。Tはツリーだからベッチ数（切断数）は0で、Tから一本の辺を取り除く（両端の頂点は残しておく）とTは2つのツリーT_1とT_2に分かれる。

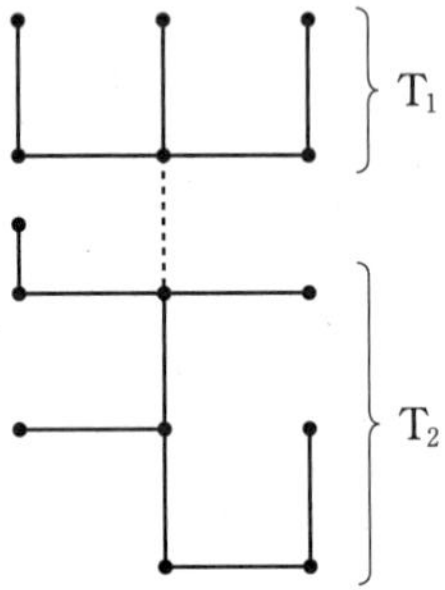

T_1とT_2の頂点数をそれぞれa_1、a_2、辺数をb_1、b_2とすると、$b_1 \leqq n-1$、$b_2 \leqq n-1$なので、帰納法の仮定から、

$$a_1 - b_1 = 1,\ a_2 - b_2 = 1$$

が成り立っている。

両辺をたして、

$$(a_1 + a_2) - (b_1 + b_2) = 2$$

ここで、もとのツリーTから辺を一本取り去ったので、$a_1 + a_2 = a$、$b_1 + b_2 = b - 1$であるから、

$$a - (b - 1) = 2$$

すなわち、

$$a - b = 1$$

である。

証明終

この定理を使うと次の「オイラー・ポアンカレの定理」が証明できます。

定理（オイラー・ポアンカレの定理） グラフGの頂点の数をa、辺の数をb、1次元ベッチ数をp_1とするとき、次の式が成り立つ。

$$a - b = 1 - p_1$$

この式から、グラフの1次元ベッチ数p_1は$p_1 = 1 - a + b$で計算できることがわかります。つまり、何カ所不通になると全体の連結性が失われるかは、頂点と辺の数を数えることで分かるのです。

オイラー・ポアンカレの定理の証明

Gの1次元ベッチ数がp_1だから、Gからp_1本の辺をうまく選んで取り除いても、全体はひとつながりになったままで、残ったグラフTはこれ以上の辺を取り除けないグラフ、つまりツリーになる。Tの頂点数はGの頂点数と変わらないからa、また辺数は元のグラフからp_1本減るから$b - p_1$である。

したがって前に証明した、ツリーについての頂点数と辺数の関係から、

$$a - (b - p_1) = 1$$

となり、

$$a - b = 1 - p_1$$

である。

証明終

あっけなくオイラー・ポアンカレの定理の証明が完成しました。これより、グラフの1次元ベッチ数はグラフの頂点と辺の個数を数えることでわかります。

鉄道線路網のベッチ数を数える

これをもう少し考察してみましょう。

ある辺を取り除いてもグラフがつながったままである、ということは、その辺でつ

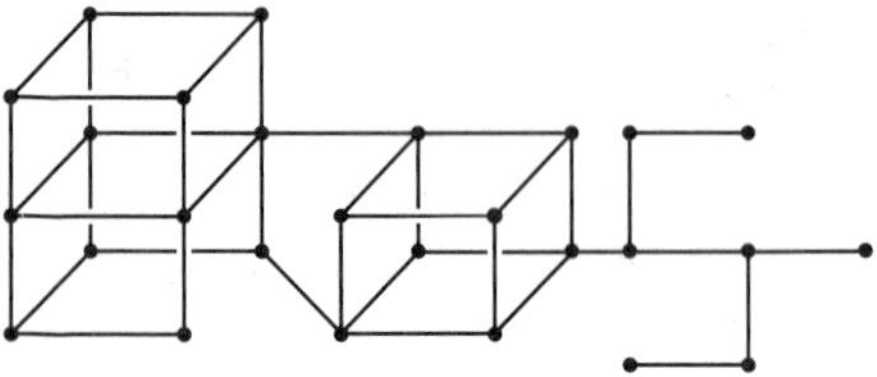

頂点数 27
辺数 40
ベッチ数 $27-40=1-p_1 \quad p_1=14$

ながっている二つの頂点が別の（いくつかの頂点を含む）迂《う》回《かい》路でもつながっているということにほかなりません。したがって、迂回路とその辺が一つのループを作っていることになります。ループでは頂点と辺の数が同じになります。これが池の周囲に木を植える場合の植木算でした。このときベッチ数は1となる。つまり、ループが一つあるごとにベッチ数は1ずつ増えていき、結局、ベッチ数とはそのグラフに含まれているループの本数を数えているのです。

グラフが立体になっている場合などはループの個数が案外数えにくいことがありますが、こんな場合でもオイラー・ポアンカレの定理によって、頂点と辺の個数を数えさえすればそのグラフに含まれているループの個数を知ることができます。

実際の鉄道線路網などでも、線路の分岐は常に駅からだと考えると、その線路網のベッチ数を計算するこ

北海道

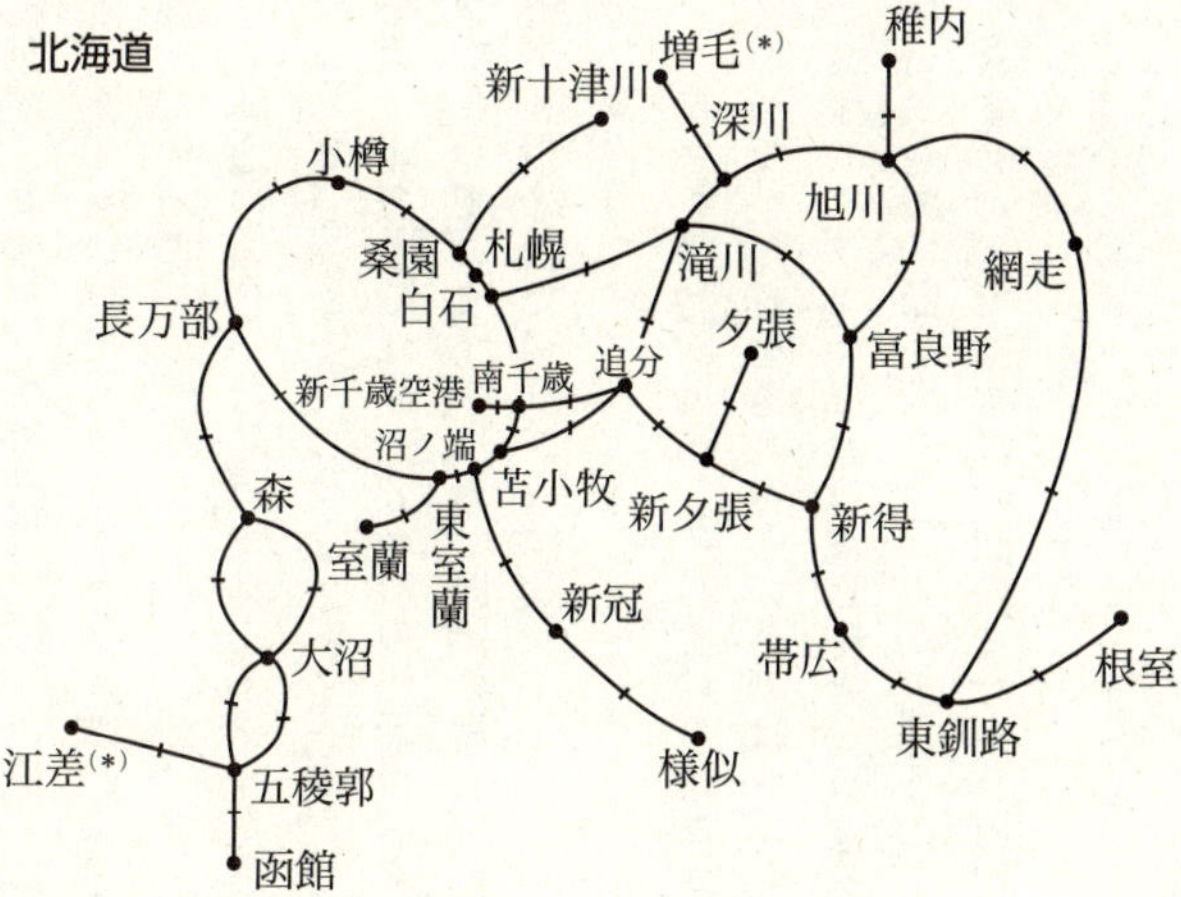

稚内
増毛(＊)
新十津川
深川
小樽
旭川
桑園
札幌
滝川
網走
白石
長万部
夕張
富良野
追分
新千歳空港
南千歳
沼ノ端
苫小牧
新夕張
森
東室蘭
新得
室蘭
新冠
帯広
大沼
根室
東釧路
江差(＊)
五稜郭
様似
函館

四国

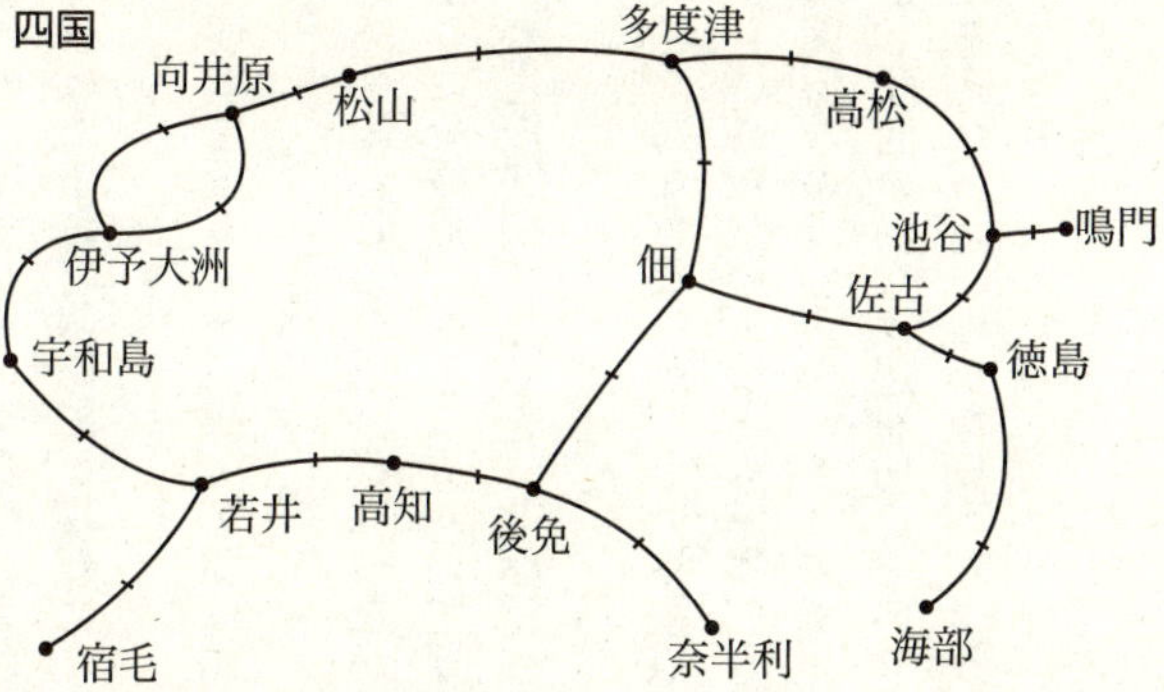

多度津
向井原
松山
高松
池谷
鳴門
伊予大洲
佃
佐古
宇和島
徳島
若井
高知
後免
宿毛
奈半利
海部

（＊）は現在廃駅

とができます。この場合はその線路網の「複雑さの程度」がベッチ数で表されていると考えてもいいでしょう。ベッチ数が大きくなればなるほど線路網は複雑につながりあっているのです。

北海道の場合、分岐点やターミナルなどの主要駅を数えると33駅、区間は40あります（現在は廃駅となっているものも含む）。ですから、ベッチ数は1－33＋40＝8で8です。北海道では最大8ヵ所の不通ができても、全体として鉄道線路はつながったままになっています。一方、四国の場合、同じように分岐点、ターミナルの主要駅は17駅、区間は19でベッチ数は3です。ですから、鉄道線路網で見ると、北海道のほうがかなり複雑です。

グラフを何ヵ所切断してもそのグラフがバラバラにならないか、という視点でグラフのつながり方を考えるというのはトポロジーという数学のもっとも基本的なアイデアです。グラフの場合は点と線という1次元の図形なので、辺をハサミでチョキンと切ることで切断を考えることができるのですが、曲面の場合は辺を切るということができません。では次に曲面のつながり方をどう考えたらいいのかを見ましょう。

第4章　曲面のトポロジー　曲面を設計する

1　曲面とはなにか

コーヒーカップがドーナツに変身

これからしばらく曲面について考えていきます。ところで、改めて、曲面とはなんでしょうか。「曲面とは曲がった面である」。ふつうはこれで答になっているのですが、少し突っこまれると心配なこともあります。「曲がったってどういうこと?」「面ってなあに?」といわれると、結局元に戻ってしまうかもしれませんね。

では、少し見方を変えて、身の回りにある曲面をいくつかあげてみましょう。一番典型的なのはボールの表面です。サッカーボール、野球ボール、ピンポン玉の表面などは大きさが幾分違いますが、すべて球面の例です。とても大きいのでふつうは球面に見えないもの、地球の表面も球面の例といっていいでしょう。地球の表面はチョモランマもあれば、日本海溝もあるので、ずいぶんでこぼことしているようですが、遠く離れれば、月の表面のようにきっと丸く見えます。同じように、太陽の表面、月の表面も球面の例です。

新幹線の先頭車両の表面はどうでしょうか? ふつうはそれも曲面と呼びますが、

どこまでが曲面なのか少し気になります。曲面の端の問題はもう少しあとで考えましょう。

では球面でない曲面の典型的なものはなんでしょうか。タイヤの表面、あるいは浮き袋の表面は球面でない曲面です。球面でない曲面でふつうの人に一番ポピュラーなのは多分この二つでしょう。ドーナツの表面といっても同じです。浮き袋の表面のような形をした曲面を数学では「トーラス」といいます。もっと複雑な形をした曲面もほかにあるかと思いますが、とにかく典型的な例としてはこの二つの曲面を考えるといいでしょう。

ところで、トポロジーではすべての曲面をまったく自由にぐにゃぐにゃと変形できると考えます。曲面が完全にフレキシブルな、切ったり貼り合わせたりしない限り自由に変形できる素材でできていると考えるのです。こんな見方をすると、複雑な曲面でもずいぶんとシンプルな形に変形できることがあります。昔からトポロジーという数学を説明するために、こんな話が引用されることがあります。

「トポロジスト（トポロジーの研究者）はコーヒーカップをかじりながら、ドーナツにコーヒーを注ぐ人だ」

おかしないわれようですが、トポロジー的にはドーナツの表面とコーヒーカップの

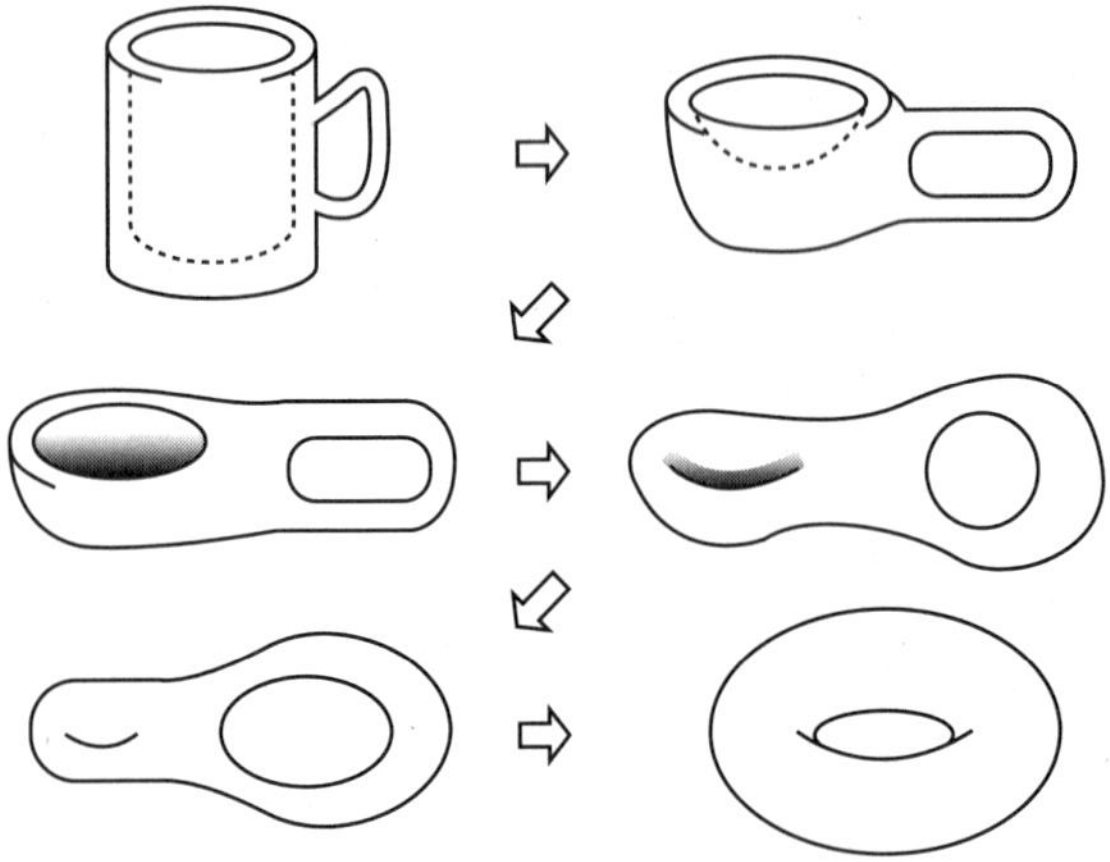

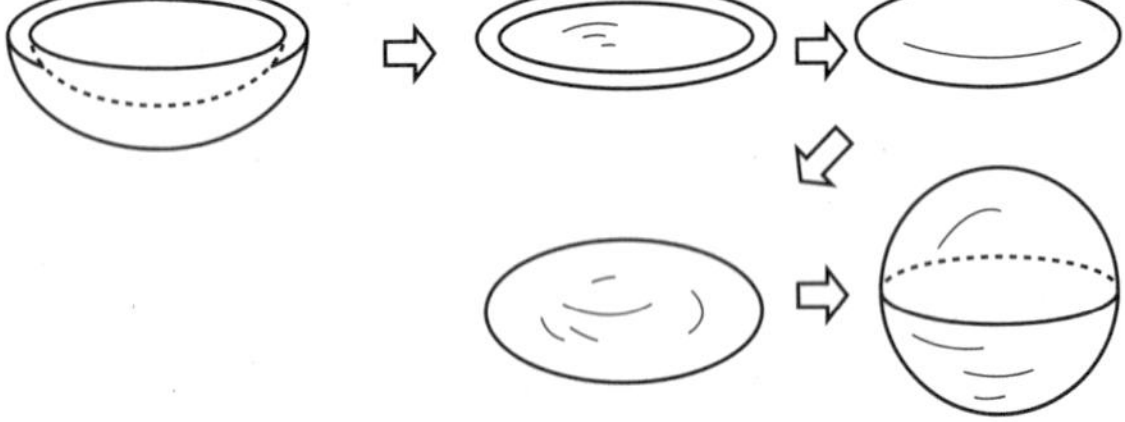

表面は区別がつかないということへの冗談です。実際に、コーヒーカップが完全に柔らかい素材でできているなら、右のようにコーヒーカップをドーナツに変えることができます。

こんな具合に考えるなら、和食の食器も右のようにほとんどすべてが球面に変身してしまいます。

もう少し複雑な形はないかと思って身の回りを見てみると、こんな花瓶がありました。この花瓶は二つ穴のあいた浮き袋（二人乗り浮き袋！）に変身します。

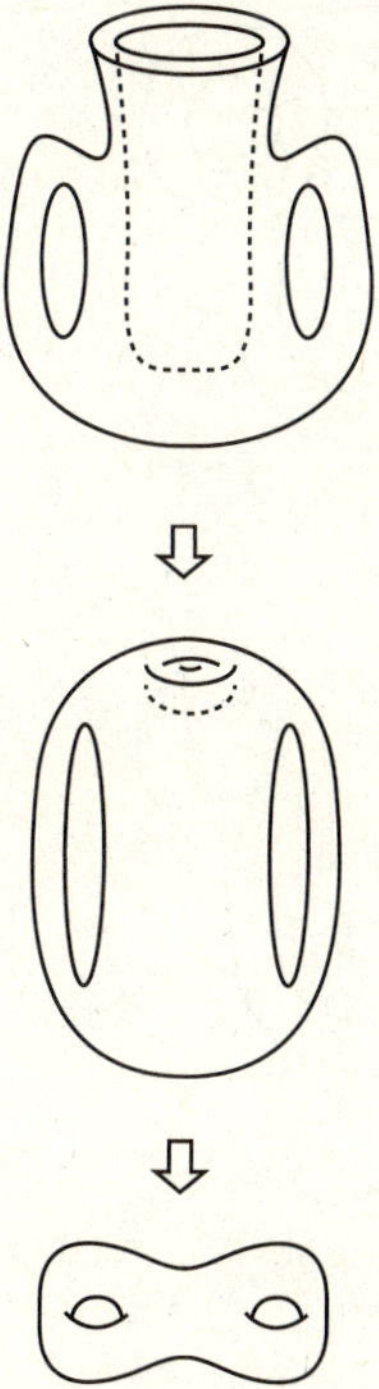

トポロジーの手品

もう一つ、ちょっと不思議な変形をお見せしましょう。トポロジーの手品です。

この二つの形が同じだということがわかるでしょうか。一方のひもは二つの穴に絡まっていて、もう一方のひもは片方の穴にしか絡まっていません。切ることなしにひもを穴からはずすことができる？　常識的に考えるとてもはずすことはできそうにありません。

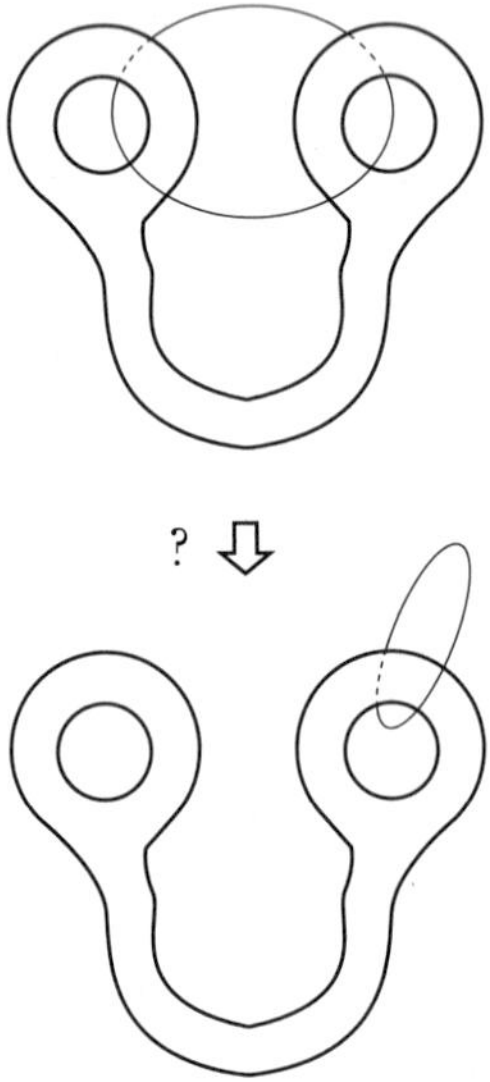

ところが、この二つの形はじつは同じなのです。では種明かしをしましょう。トポロジーではこれくらい自由な発想ができるのです。図をよく見て、まったく自由に伸び縮みできるという変形のおもしろさを楽しんでください。

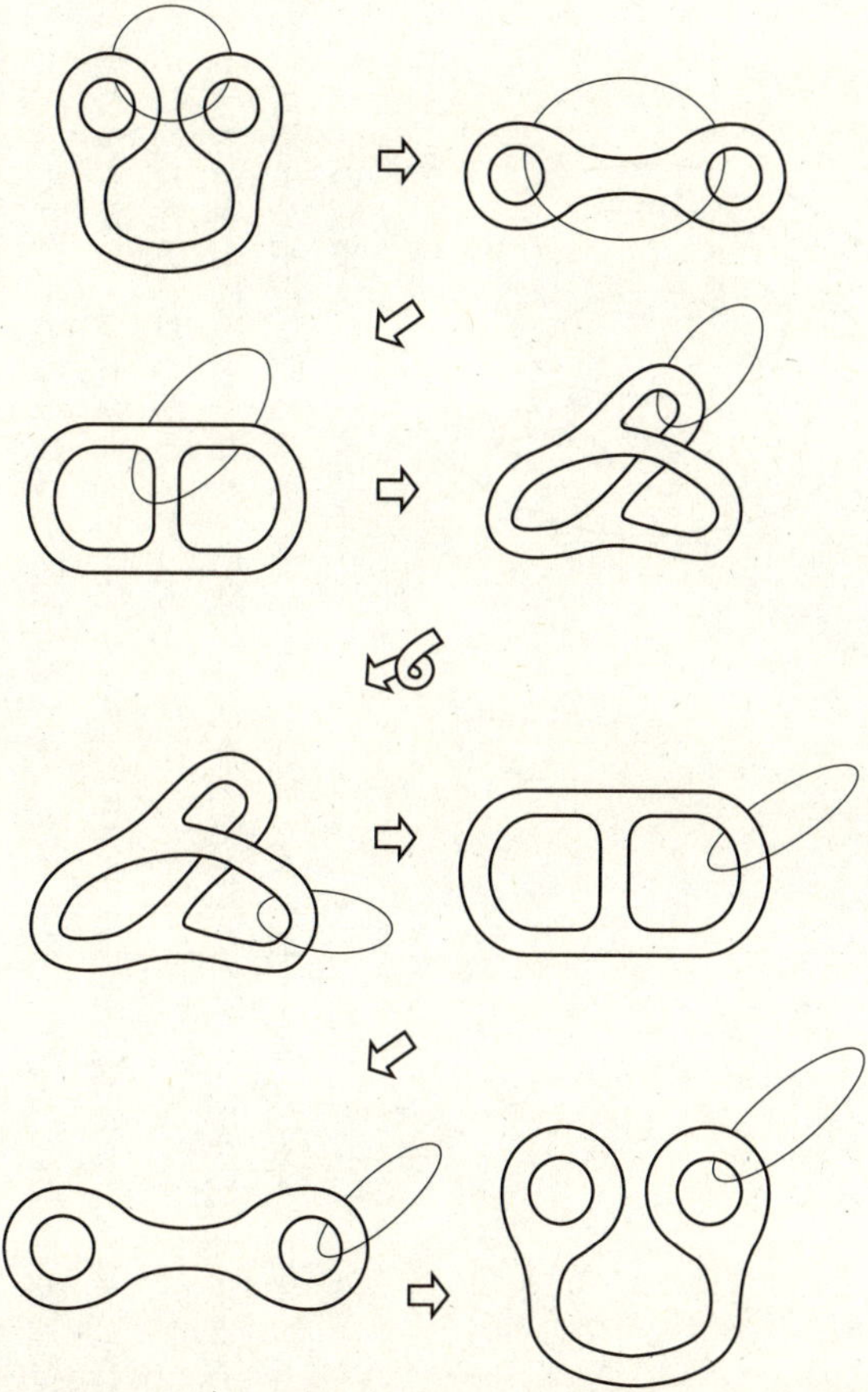

曲面に共通な性質

さて、トポロジーではこれらが曲面の例です。ですから、これらの曲面に共通な性質が見つかるなら、それが曲面を定義する性質になっていると考えられます。では、なにか共通な性質が見つかるでしょうか。

トーラスが極端に大きくなり、地球規模になったと想像してください。トーラスの形をした惑星が宇宙空間に浮かんでいます。地球ならぬ地トーラスです。日本はこの地トーラスの極東（!?）にあります。

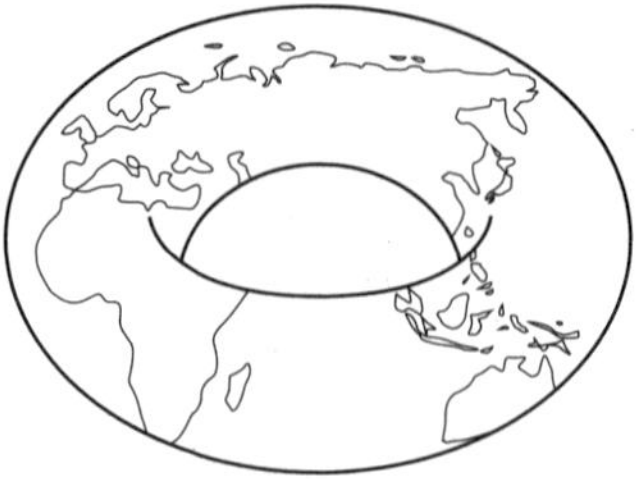

さて、この地トーラス上の日本、北関東の名山、榛名山《はるなさん》の上に立ち、周りを見渡してみましょう。なにが見えるでしょうか。「あっ、地トーラスが見える！」ということはありません。

実際、私たちは地球の表面に住んでいますが、宇宙飛行士でもない限り、地球を外から見ることはないので、地球が球面になっていることがわかりません。富士山《ふじさん》の上に立っても地球を見ることはできません。見えるのは自分の周りぐるっと360度の景色で、それは平らな円板に見えます。

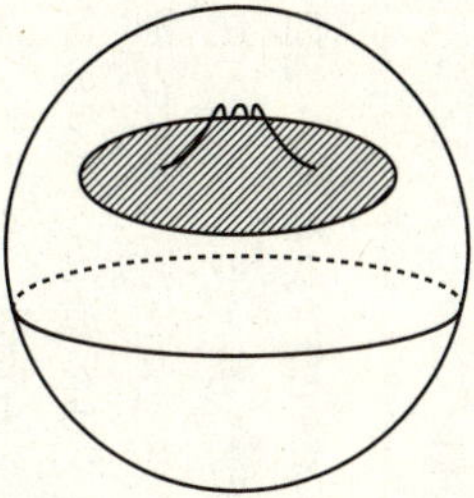

自分の周り

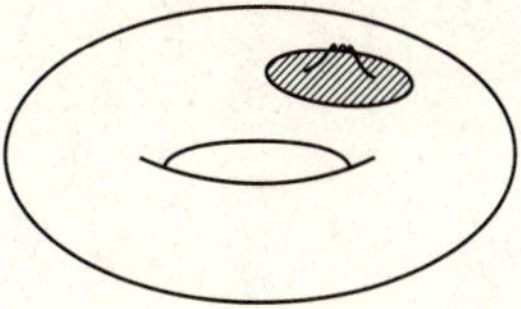

自分の周り

これは地トーラスでも同じことです。地トーラス上の日本、北関東の榛名山の頂上に立ち、周りを見渡しても、地球の場合と同じ風景が見えるに違いありません。北には谷川《たにがわ》連峰、南には関東平野が広がっています。別の言葉で言えば、私たちが地球の上に住んでいるのか、それとも地トーラスの上に住んでいるのかは、ある点から周りを見渡しただけではわからないのです。

これで、曲面に共通な性質が見つかりそうです。

【定義】 ある図形Mの上の任意の点Pについて、Pの周囲が円板と同じ形をしているとき、その図形を曲面という。

曲面の例と曲面ではない図形の例をあげます。

私たちは日常生活ではほとんどの形を曲面と呼んでいます。もちろんそれでなんの差しさわりもありませんが、数学ではもう少し厳密に曲面を定義しました。要するに曲面とは、そこに立って自分の周囲を見回したとき、どこでも同じ風景が見えて、それは円板になっているということです。この定義では、自分が円板のヘリではなく中にいるということが大切です。

曲面にならない図形ではその点Pの周囲を切り取ると円板になっていない点Pがあることがわかります。いわば、曲面とは素性のはっきりした「きれいな形」あるいは均質な形だといってもいいかもしれません。これで先ほど残しておいた新幹線の先頭は、ここまでが先頭という端の点を考えなければならないので、数学でいう曲面ではないことがわかります。境界のある曲面といいます。

では、曲面をどのようにつくることができるのかを考えていきましょう。

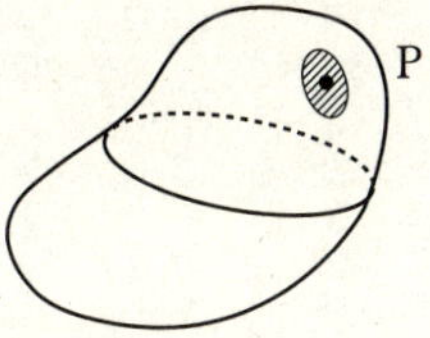

曲面

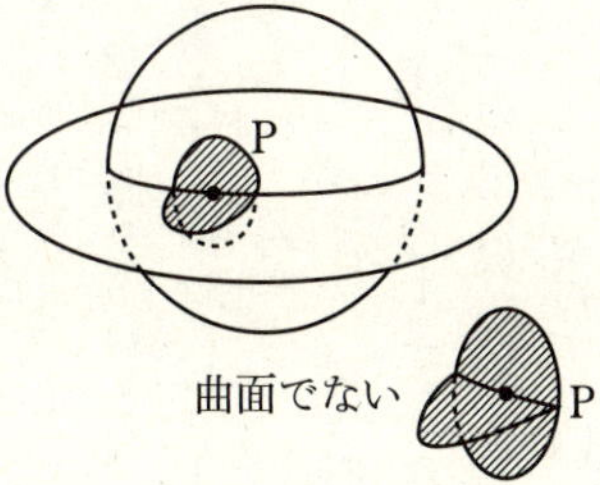

曲面でない

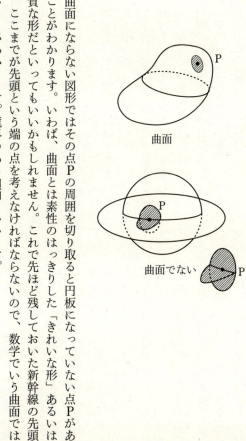

2　トーラスと球面

折紙の貼り合わせと曲面

一枚の紙を用意します。簡単にするため正方形の折紙にしておきます。これから折紙の四つの辺を貼り合わせて曲面をつくっていきます。ただし、私たちの折紙はいくらでも伸び縮みでき、糊《のり》しろなしでも貼り合わせることができる理想的な折紙としましょう。

次のような約束で貼り合わせます。

1　正方形の四つの辺を二つずつ組にして貼り合わせる。

2　貼り合わせる場合は、向きまで考えて、向きが揃うように貼り合わせる。

辺の向きを矢印で表すことにします。

このとき、できる形は曲面になります。それは、正方形の内部にある点では、その点の周囲が円板になることは明らかですし、辺上にある点では貼り合わされる二つの辺があるので、貼り合わせた結果、二つの半円板が貼り合わされることになり、やはり全体として点の周囲は円板になります。また、頂点では四つの四分円板が貼り合わされたり、扇形の辺が貼り合わされたりすることになり、やはり全体として点の周囲は円板になります。したがって、折紙の貼り合わせを実行してできる形は曲面になります。

トーラスの貼り合わせ図

最初に簡単な例をあげましょう。

次の図のように2組の辺を貼り合わせるとできる曲面はなにになるでしょうか。

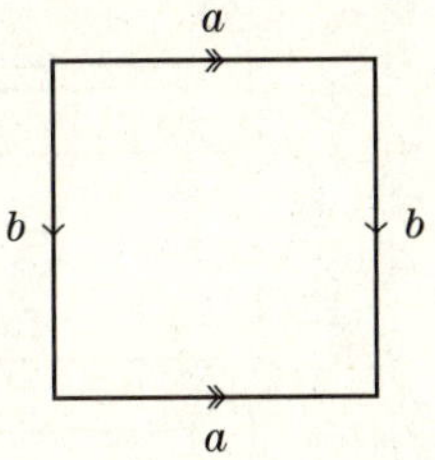

最初にaを貼り合わせます。次頁の図のような円柱になります。ですから、最初にあった辺bは円柱の両側の円周になります。向きに注意してください。

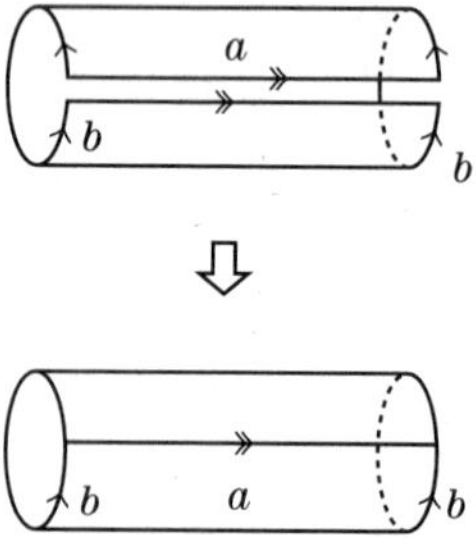

ではbを貼り合わせましょう。「どうやって?」私たちの折紙は完全に自由に変形できることを思い出すと、こんな具合に貼り合わせることができます。

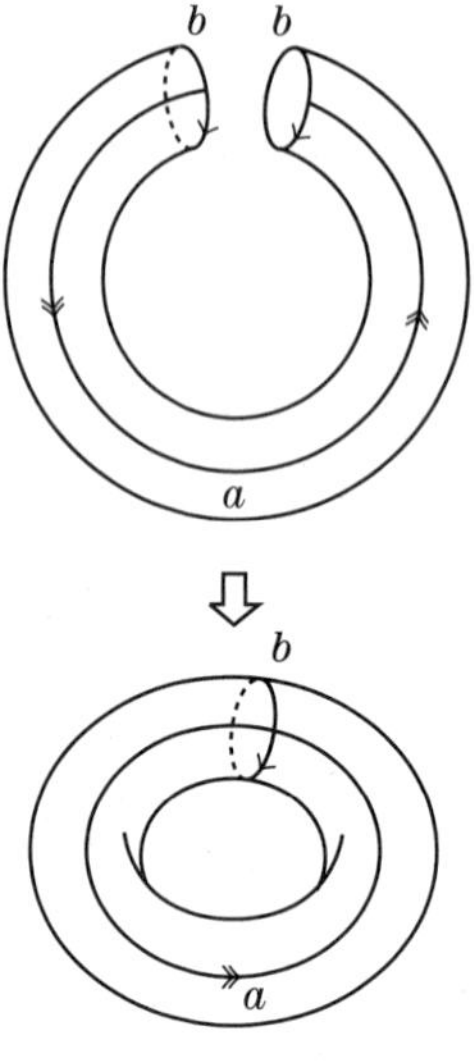

無事貼り合わせが終わりました。

できた曲面は浮き袋、あるいはタイヤのチューブの形、つまりトーラスになります。貼り合わせる前の、辺の貼り合わせを向きまで考えて指定した正方形を「トーラスの展開図」と呼びましょう。

ふつうの立方体の展開図でも辺の貼り合わせが指定されていますが、その場合は向きを指定しなくても自然に貼り合わされてしまうのですね。

トポロジーではこのように、向きまで含めて辺の貼り合わせを指定した図を「曲面の展開図」と呼びます。

「私はだれでしょう?」

では次頁の展開図はどうでしょうか。

トーラスの場合と同じように、辺 a と辺 a、辺 b と辺 b を向きも考えて貼り合わせるのですが、トーラスの展開図の場合となにが違っているのかに注意してください。

貼り合わせのとき、どの辺とどの辺を貼り合わせるのかという指定はもちろん一番大切なのですが、トポロジー工作の場合は、それと同じくらい、辺の向きを考えることが大切です。

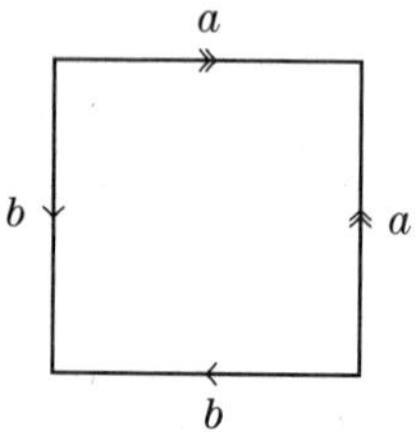

今度は向かい合った辺ではなく、隣り合った辺を貼り合わせる設計図です。

どうやって貼り合わせるか。ちょうど餃子《ぎょうざ》の皮を貼り合わせるように、正方形を対角線で二つに折れば、重なる辺を貼り合わせることができます。中身がからの三角形の容器ですが、膨らませれば球面になることがわかります。ですから、これが「球面の展開図」です。

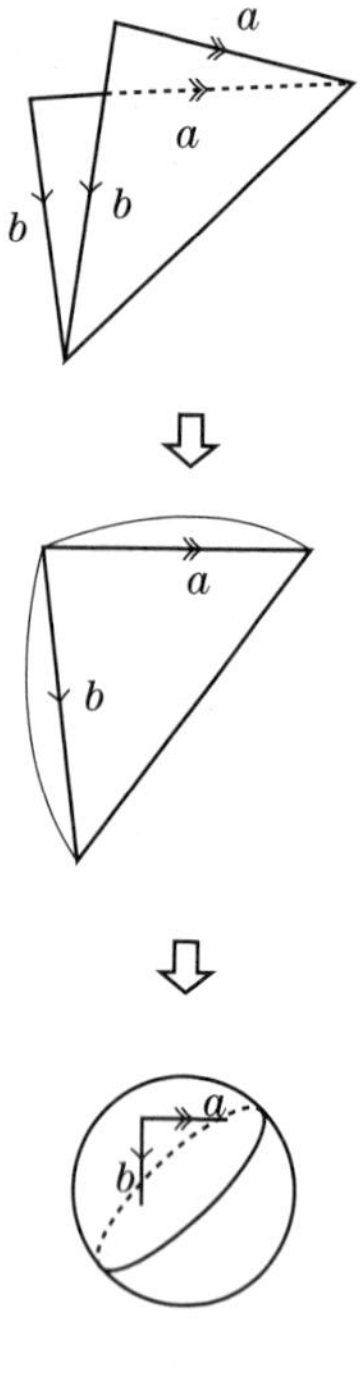

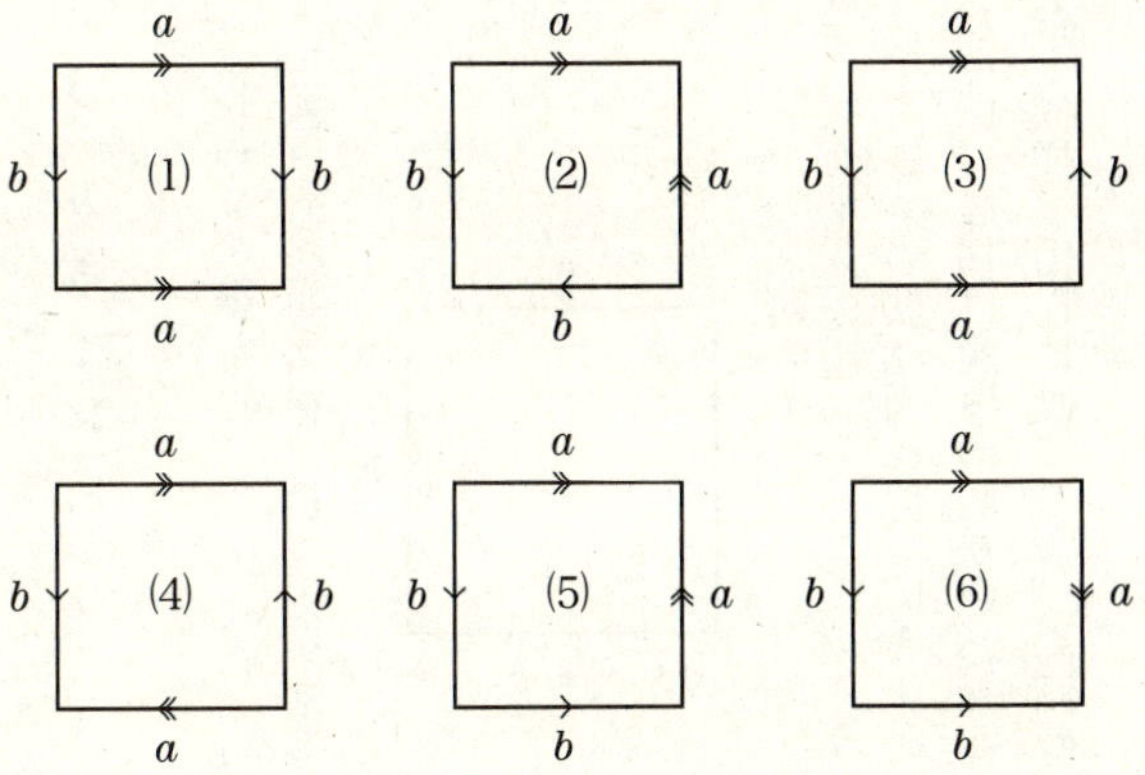

正方形の辺は四つありますから、それを二組ずつ貼り合わせる方法は、向かい合った辺を貼り合わせる場合と、隣り合った辺を貼り合わせる場合とがあり、それぞれに向きがついていますから、貼り合わせ方は全部で六通りあります。すべてがある曲面の展開図を表しています。

最初の二つはトーラスと球面になりました。では三番目の展開図はどうでしょうか。

今度も基本的には今までと変わりませんが、前に注意したように辺の名前と同時に、辺の向きにも十分に注意してください。これは実際に手作業で図をかく、あるいは、正方形の紙を用意してそれに辺の名前と向きを書いて工作してみると面白いです。

3　クライン管

メビウスの帯

三番目の展開図を、じっくり見てみましょう。

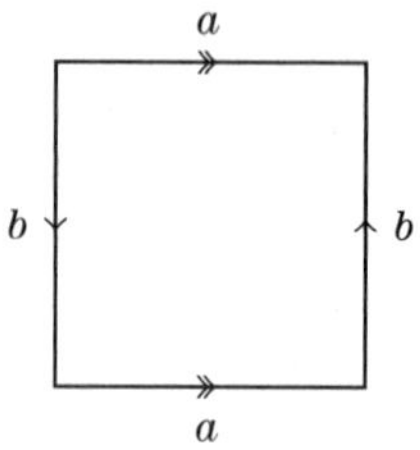

トーラスの展開図に似ていますが、一組の辺の向きが違っていることに注意してください。最初に簡単に貼り合わせることができる辺を貼り合わせます。トーラスの場合と同様に円柱になります。両側の円周を向きに注意しながら貼り合わせようとすると、……。

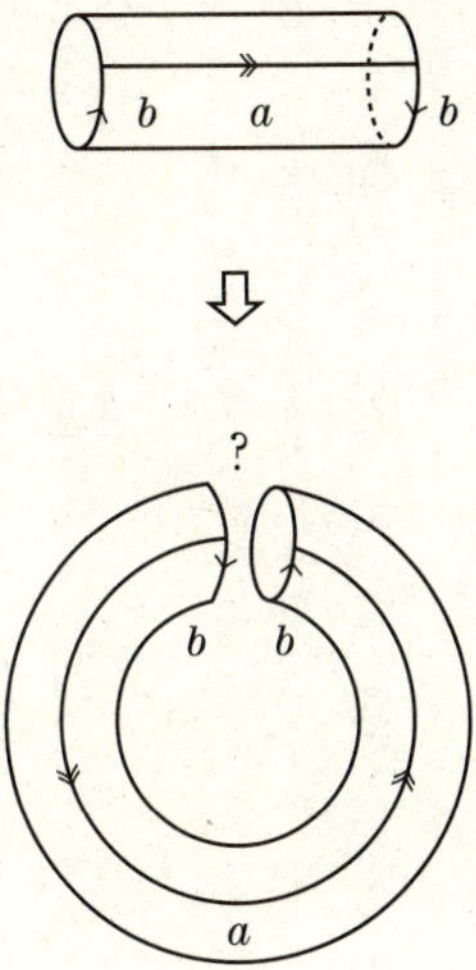

残念ながら今度は向きが違っているのでそのままでは貼り合わせることができません。最初の貼り合わせ方がよくなかった！

それで、最初に向きの違っている辺を貼り合わせてしまいます。そのままでは貼り合わせられませんが、少し頭をひねって、ついでに紙もひねってみると、無事貼り合わせることができました。このように紙を一度ひねって貼り合わせた図形を「メビウスの帯」といいます、トポロジーの玩具としてとても有名です。

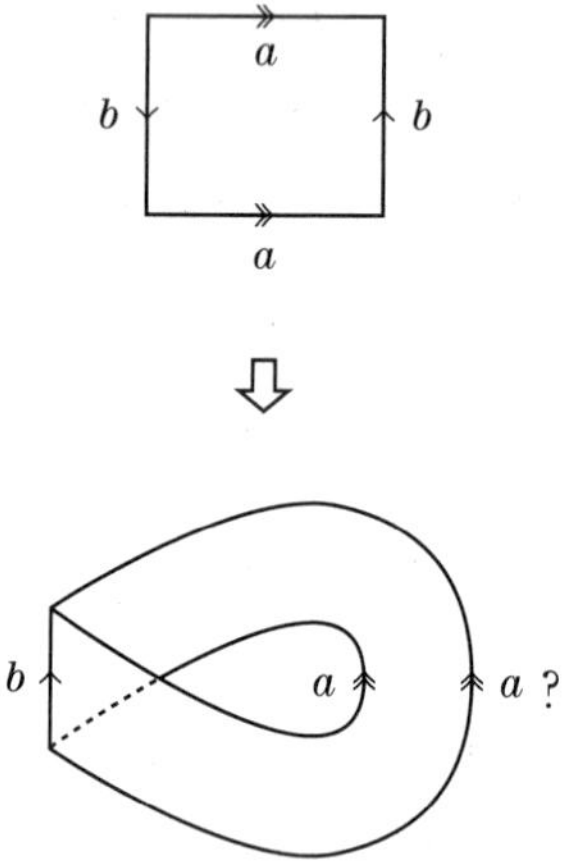

メビウスの帯

メビウスの帯はそれだけでとても奇妙な性質をもった図形で、これからあともたびたび登場します。ここでは、とにかく展開図を組み立てることを考えます。

再挑戦！　クライン管登場

さて、これで残った辺を貼り合わせるのですが、……。

残りの辺は右の図のようになっていて、残念ながらこれでも貼り合わせることができません。どうしましょうか。

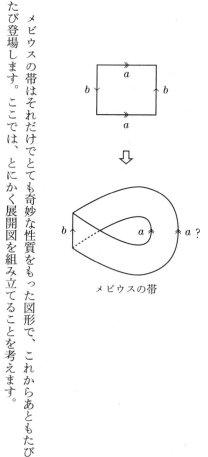

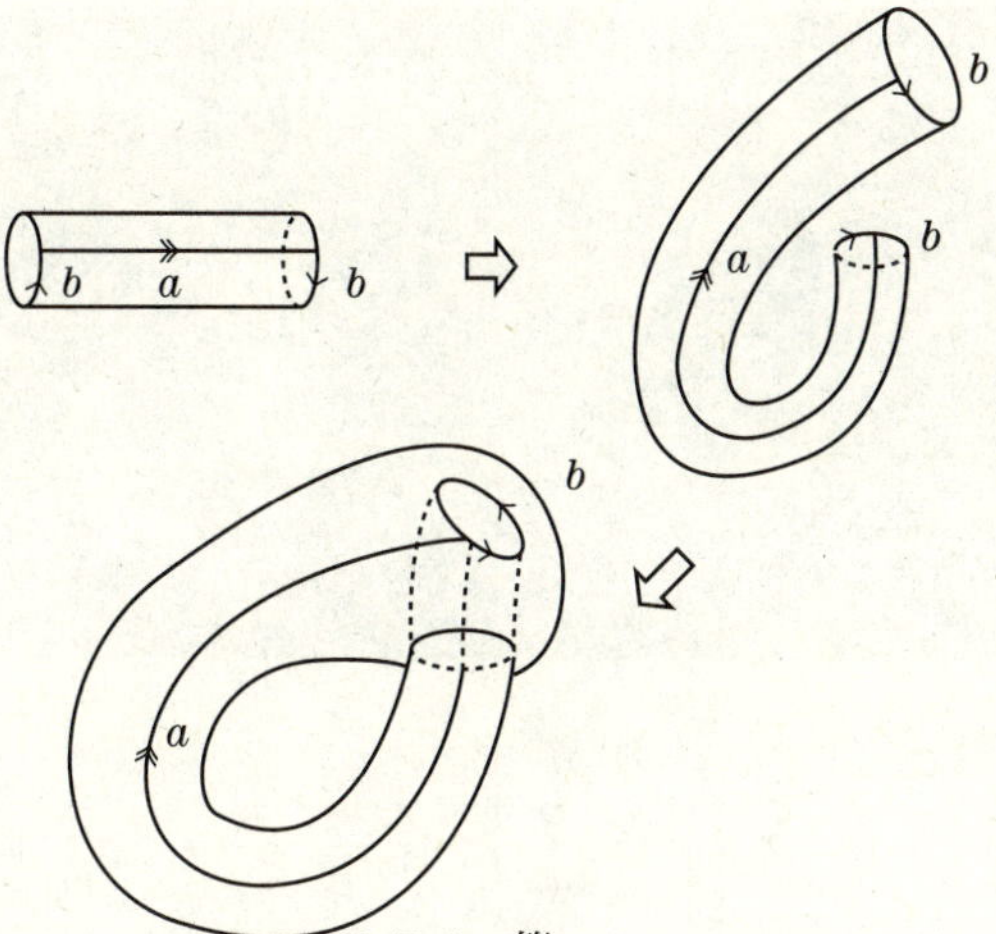

クライン管

もう一度最初の貼り合わせに戻ってみます。

二つの円周の向きが違っているので貼り合わせられない。そこで、二つの円周の向きが揃うように細工します。どうするかというと、「裏側から」貼り合わせるのです。

実際は裏側から貼り合わせることは不可能なので、仕方ないから、曲面に一ヵ所穴をあけて、そこから円柱の片方のへりを中に差し込んで、貼り合わせます。

＊注意　この穴はもとの展開図の設計図にはない工作です。ですから、本当はあけてはいけないのですが、

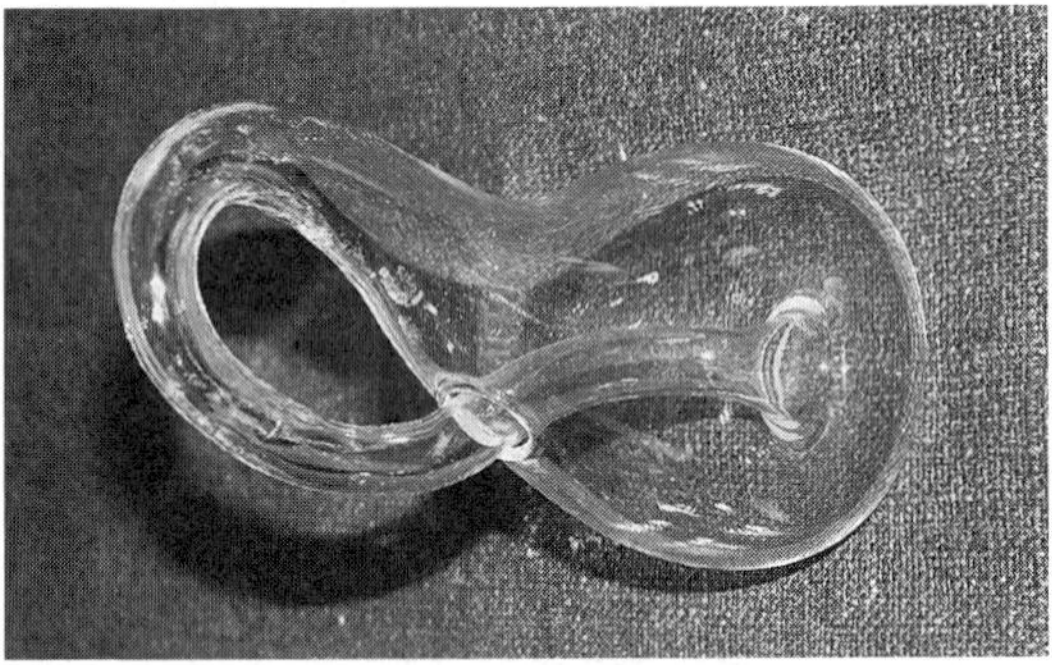

やむを得ずあけた穴です。円柱の一部を「4次元の方向に持ち上げる」と4次元の立体交差で穴をあけずに貼り合わせることができます。

こうしてできた曲面をクライン管、あるいは「クラインの壺《つぼ》」といいます。写真を載せておきます。

ここで図や写真で紹介したクライン管は「偽の」クライン管で、本物は円柱の両方の端を逆向きに、曲面に穴をあけずにつないでいます。これは残念ながら4次元空間でないと作れないので、ふつうはこの「偽の」クライン管をクライン管と呼んでいます。この曲面にはへりがなく、全体として球面やトーラスと同じように閉じています。

このような曲面を閉じているという意味で閉曲面といいます。3次元空間のなかにつくられた閉曲面には内側と外側の区別がありますが、クライン管は閉じているにもかかわらず、内側と外側の区別がありません。

もっとも、内側と外側の区別がある、という言い方は少し微妙な内容を含んでいます。前に多角形には内側と外側があるといいました。それをもう一度考えてみましょう。

空間の輪ゴム、内側と外側がない

輪ゴムを考えてください。輪ゴムを机の上に置くと、平面は輪ゴムの内側と外側の二つの場所に分けられます。輪ゴムを横切らないで内側から外側へ行くことはできません。

別の言葉でいえば、輪ゴムの内側と外側の2点を結ぶ曲線は必ず輪ゴムと交わります。これは輪ゴムが閉じた曲線（閉曲線）だから生じる現象です。

ここでは輪ゴムが曲線という1次元の図形、机の上は平面という2次元の図形であることが重要です。輪ゴム単独では内側も外側もありませんが、それが平面の上に置かれることにより、平面を内側と外側に分けている、つまりモノと場所の1次元と2次元の差が大切です。

しかし、輪ゴムを空間の中におくと、輪ゴムは閉じていますが、空間を内側と外側には分けません。

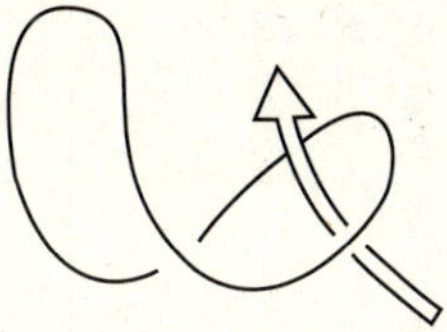

つまり空間内では立体交差ができるので、輪ゴムを横切ることなしに任意の二つの点を結ぶことができます。「閉じている」という性質は図形に固有の性質ですが、内側と外側があるというのは、図形がどういう空間に入っているかによって決まる相対的な性質です。ですから、閉じているにもかかわらずクライン管には内側と外側の区別がない、といっても本物のクライン管は4次元空間でないと作れないので、あまり意味はありません。4次元の空間に入れてしまえば、球面もトーラスも閉じているにもかかわらず、内側と外側の区別を失ってしまいます。

では向かい合った辺の向きがすべて違っている展開図について調べてみましょう。

4　射影平面

十字帽

四番目の展開図です。今度はどうでしょう。

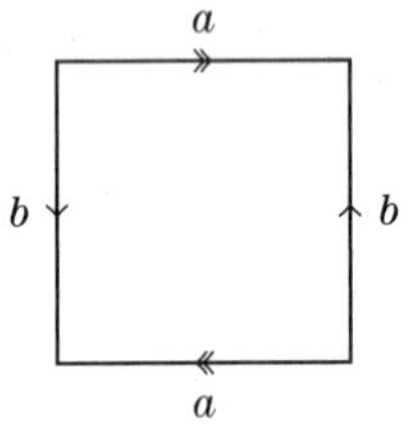

今度はクライン管のように、最初に円柱を作ってみることができません。どちらの辺を貼り合わせてもメビウスの帯になり、その縁をさらに貼り合わせるのはむずかしそうです。そこで、少し工夫してみます。

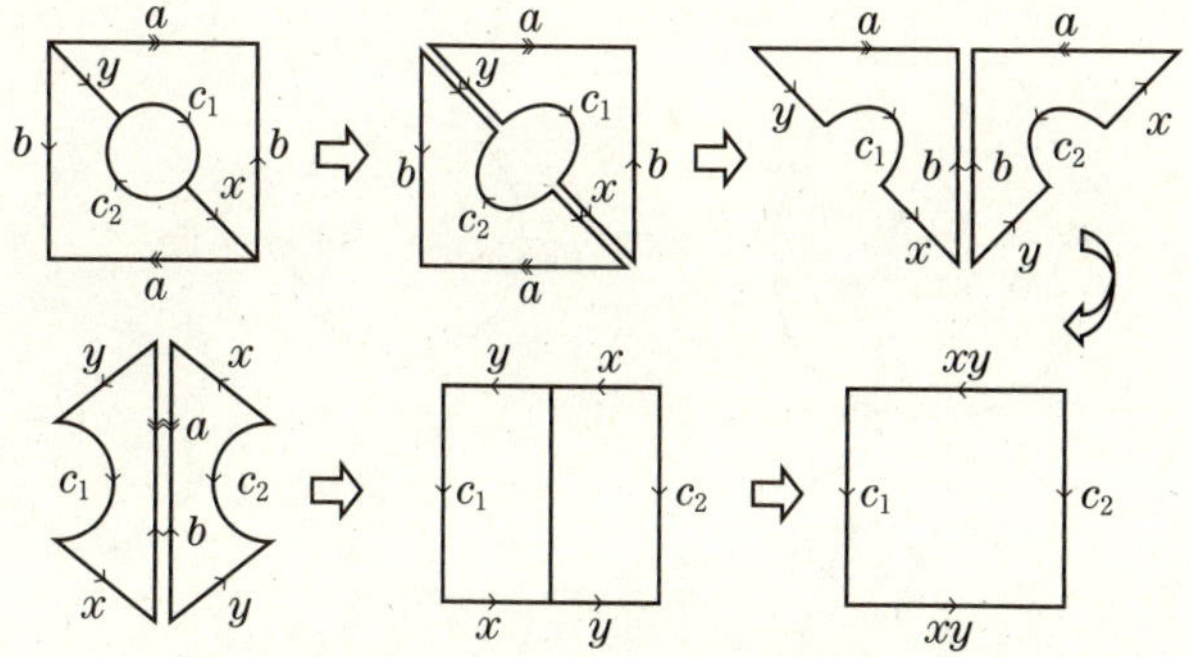

これは幾何学的なトポロジーに特有の技法で「切り貼り」といいます。昔、トポロジーの研究者は「切った張（貼）ったが大好き」とやくざ映画のようないわれ方をしたこともありました。

この貼り合わせを実行した曲面を、とても不思議な名前ですが、射影平面といいます。平面といいながら、平らに伸びた図形ではなく、閉じた曲面なのです。

では切った貼ったで射影平面を作ってみます。最初に射影平面の展開図の真ん中に丸く穴をあけ円板を切り取ります。この切り取りは射影平面の組立仕様図には指示がありませんから、最初に切り取った円板を最後にもう一度貼り合わせるのです。まさしく「切った貼った」ですね。

さて、円板を切り取った展開図を対角線にそって切り、二つの三角形に分けます。この三角形を

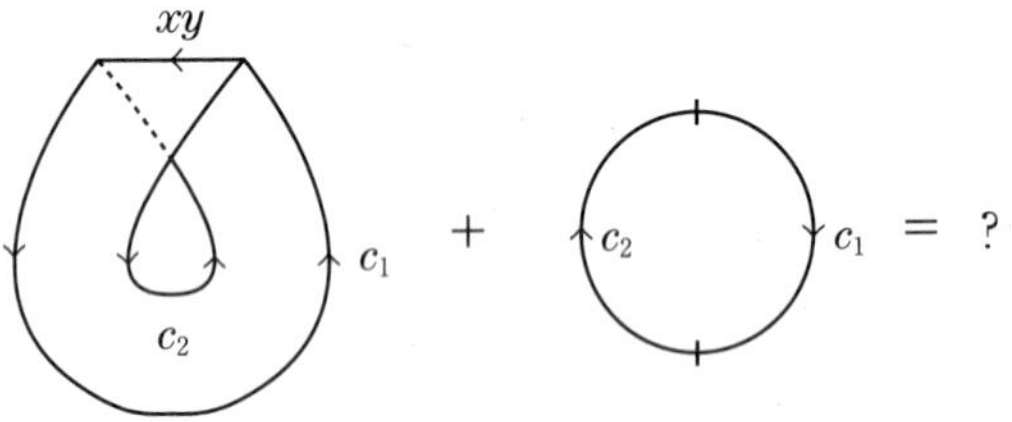

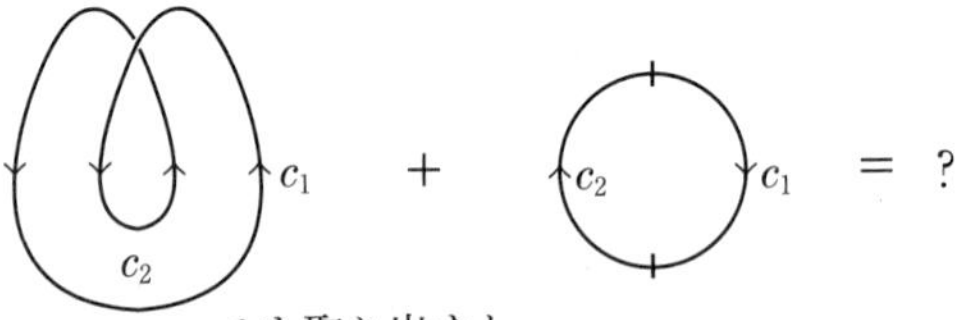

ヘリを取り出すと

少しぐにゃぐにゃと変形して、a、bが貼り合わせられるようにします。

a、bを貼り合わせると、でき上がった図形はまさしくメビウスの帯の展開図です。うまくいきました。メビウスの帯なら3次元空間の中で作ることができます。

メビウスの帯を作っておいて、そこに最初に切り取っておいた円板を貼り合わせれば射影平面のでき上がり、これにて一件落着……、といくといいのですが。

実際にメビウスの帯を作ってみます。切り取った円板の境界、つまり貼り合わせるべき円周はどうなっていますか。

メビウスの帯の境界は確かに円周です。円周ですが図のように二重にねじれているのです。ここにうまく円板の境界を貼り合わせる必要があります。ねじれている円周をエイヤッとふつうの円周に直してそこに円板を貼り合わせればいいのです。エイヤッと、……。どうもうまくいきません。

メビウスの帯の境界である、二重にねじれている円周をふつうの円周に直そうとすると、残念ながらメビウスの帯に「傷」ができてしまいます。傷があってもいいからともかくも直すと、次の図のような曲面になります。

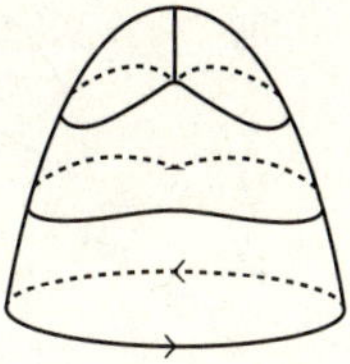

十字帽

これが形を変えたメビウスの帯で、トポロジーではクロスキャップ、「十字帽」といいます。結局射影平面とは十字帽に円板を貼り合わせた曲面になります。この貼り合わせは4次元空間の中では傷なしにうまくいきますが、残念ながら私たちの3次元空間の中ではその貼り合わせの様子を正確に見ることはできません。

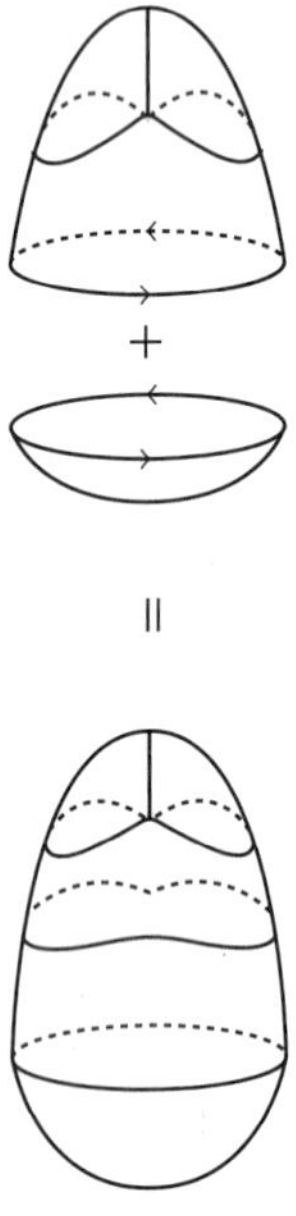

射影平面

こうして曲がりなりにも、傷のある曲面ではありますが、射影平面をつくることができました。

切り貼りクライン管

では、隣り合った辺の場合はどうなるでしょう。

片方の辺の向きが揃っている場合は、「切り貼り」技法で変形すると、向かい合った辺の向きが異なっている場合になり、これは射影平面です。

最後に隣り合った辺の向きが両方とも揃っている場合、これは「切り貼り」技法で変形すると図のようになり、クライン管になります。

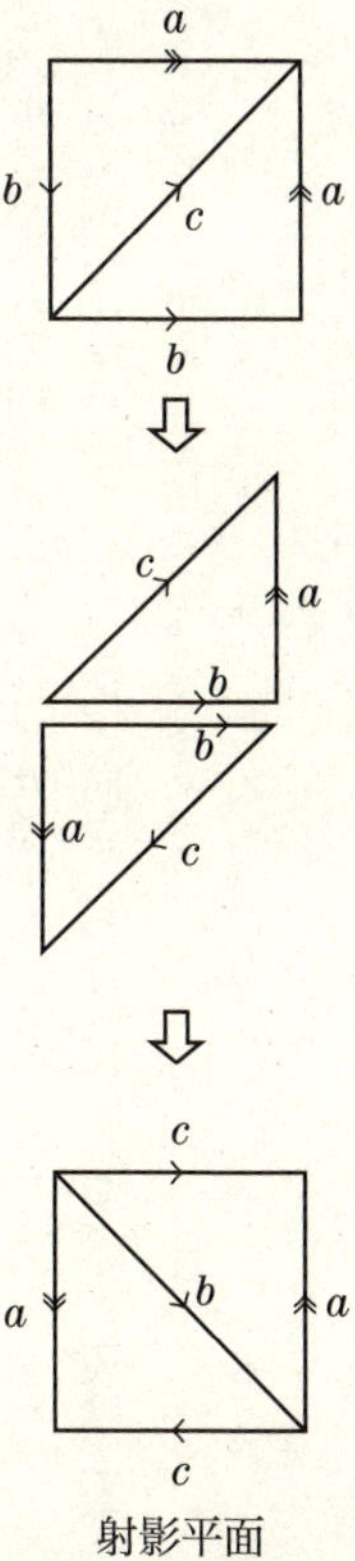

射影平面

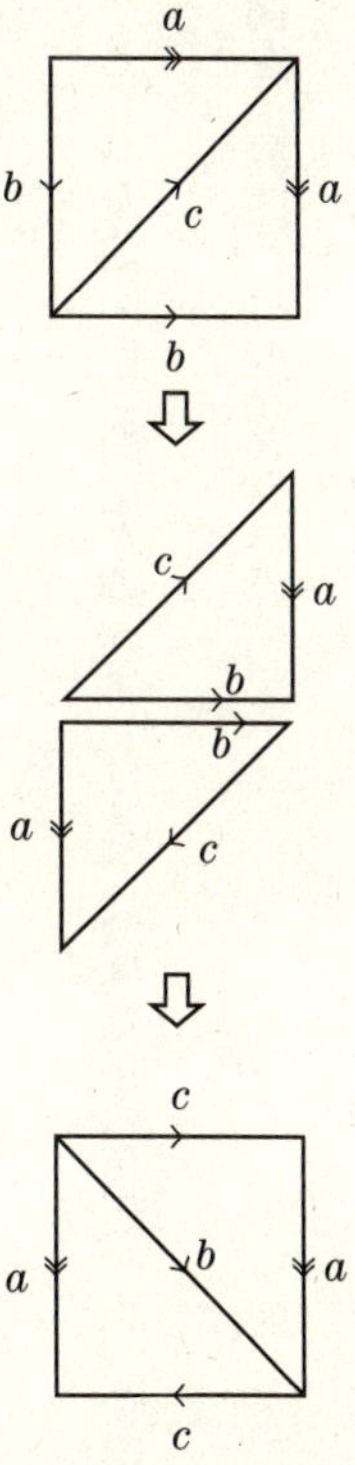

クライン管

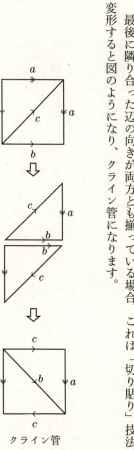

結局正方形の展開図の場合は六種類あるのですが、設計図にしたがって組み立てると、できる曲面は、球面、トーラス、クライン管、射影平面の四種類になります。

ではもう少し複雑な曲面の展開図を調べましょう。今度は正六角形や正八角形の辺を貼り合わせるのです。

この展開図を「展開多角形」といいます。

5　複雑な曲面の展開図

五つが同じ頂点の図

次の展開多角形で示される曲面はどんな形になるでしょう。

たとえば、左頁の図は正十角形の辺に名前と向きをつけた展開図です。辺は二本ずつ貼り合わされるので、aからeまで五本あります。

このようなやや複雑な展開多角形の設計図をもつ曲面では、「切り貼り」技法が大いに役立ちます。設計図をいくつかのパーツに分解してパーツごとに組み立て、あとでもう一度貼り合わせるのです。

では実行してみましょう。

まず展開多角形を三つの部品に分けます。三つに切り分けたそれぞれを組み立て、最後にもう一度三つをつなぎ合わせるのです。そのために、切った線にはしっかりと名前をつけておき、まちがえないようにします。

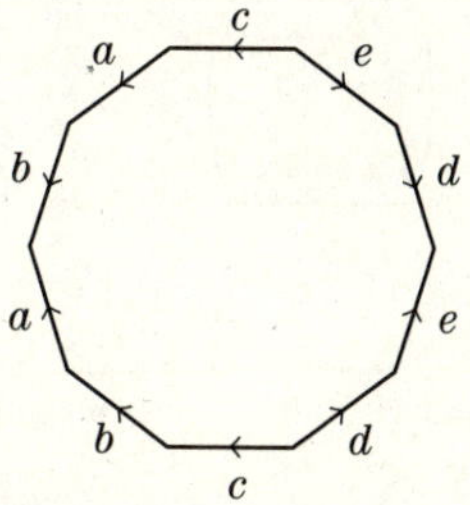

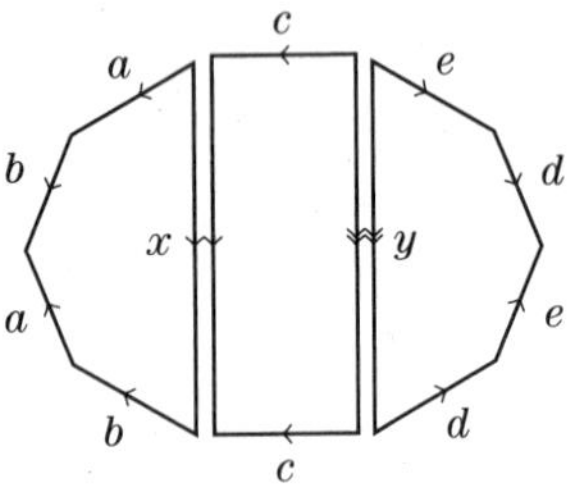

真ん中のパーツは簡単。上と下の貼り合わせはそのままで大丈夫ですから、貼り合わせると円柱になります。

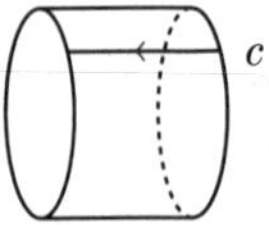

では、残りのパーツはどうなるでしょうか。

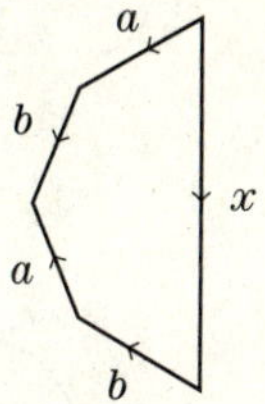

元の形が今までの展開多角形とは少し違っています。こんな場合は、まず頂点がどうなるのかを調べるといいのです。

残りのパーツには頂点が五つあります。これらは辺の貼り合わせによって貼り合わされるはずですが、その貼り合わさり方を調べてみます。最初に辺aの出発点をAとします。すると、もう一ヵ所辺aの出発点があるので、そこもAとなります。するとその頂点は辺bの終点ですから、もう一ヵ所の辺bの終点もAになります。ということは、そこはaの終点でもあるからAとなり……、という具合にすべての頂点の名前が決まり、じつはここにでてくる五つの頂点はすべて同じ頂点になります。

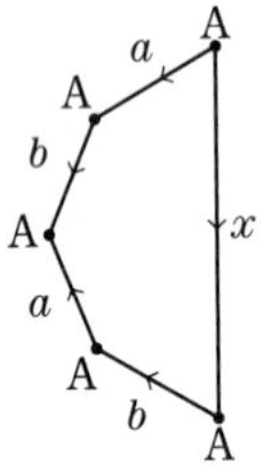

つまり、この五つの頂点はこのパーツを組み立て終わるとすべてが1点に集まるはずなのです。そこで、最初に両端の二つの頂点だけを貼り合わせてしまいます。立体的に貼り合わせることも簡単ですが、ここは平面上で全体を少しずつ曲げて貼り合わせてみます。

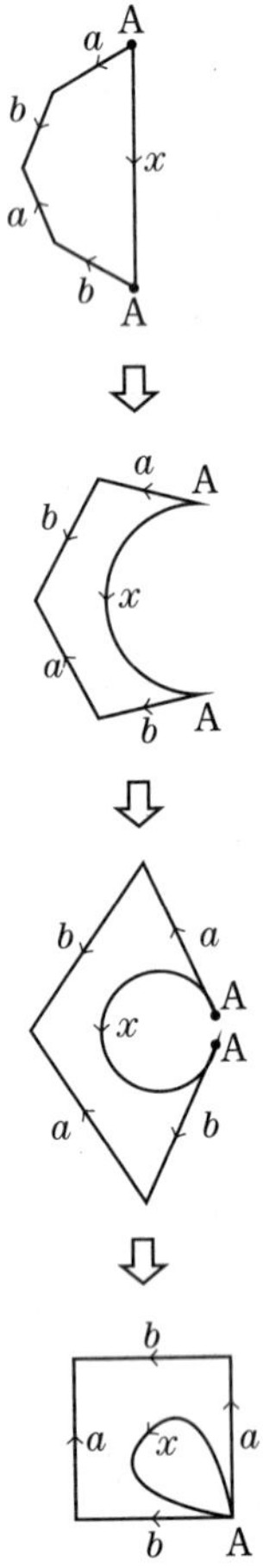

こんな形になりました。全体は正方形ですが、頂点Aのところでループ状に穴があいています。

ところが、この展開図はループの穴を無視してしまうと前にでてきたトーラスの展開図と同じです。したがって、この展開図を設計図にしたがって組み立てるとこんな形になります。

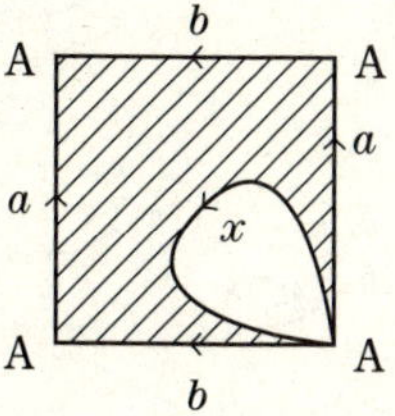

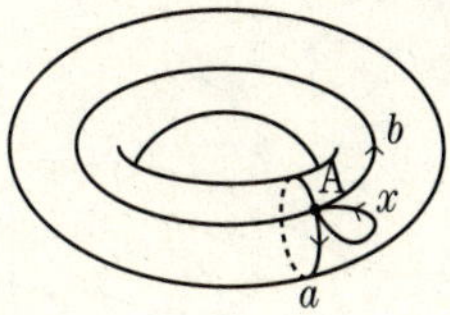

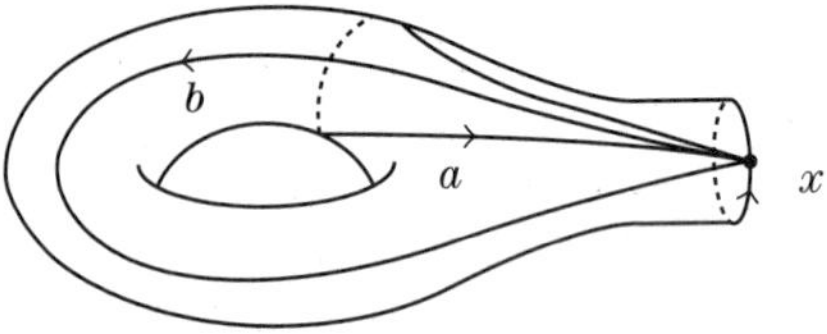

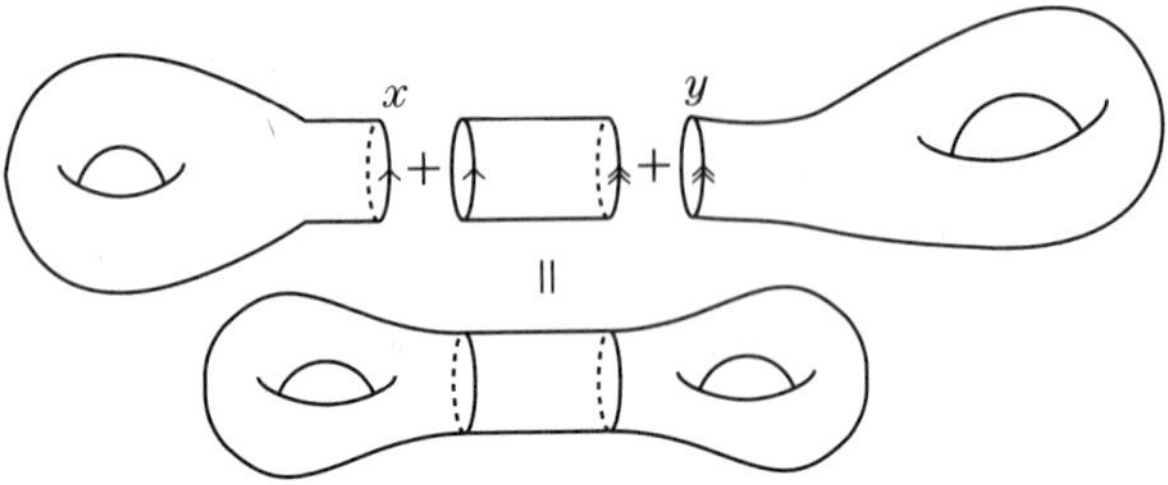

種数2のトーラス

つまりトーラスに穴が一つあいている図形です。ここで、あとの作業がしやすくなるように、この穴を引っ張っておきましょう。

上図上の形をハンドルといいます。

これで二つのパーツが組み立てられました。残りは、と思ってよく見ると、残りは辺の名前が違っていますがこれもハンドルになります。したがって三つのパーツはばらして組み立てると、二つのハンドルと一つの円柱になります。最後にこの三つのパーツをもう一度組み立てればいいので、残っているループを貼り合わせます。

できた曲面は上図下の形になります。

この曲面を「種数２のトーラス」といいます。種数とは曲面にあいた穴の数をいいます。

まずは部品に分ける

切り貼りにだいぶなれてきたと思います。ではもう一つだけ作ってみましょう。

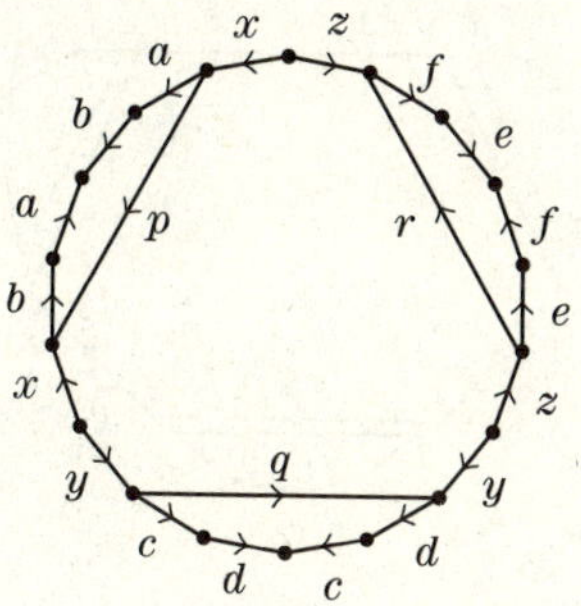

辺の数が多いので大変ですが、今度は四つのパーツに切り分けてみると、三つの部

品はそれぞれハンドルになっています。残りの一つはどうなるでしょうか。

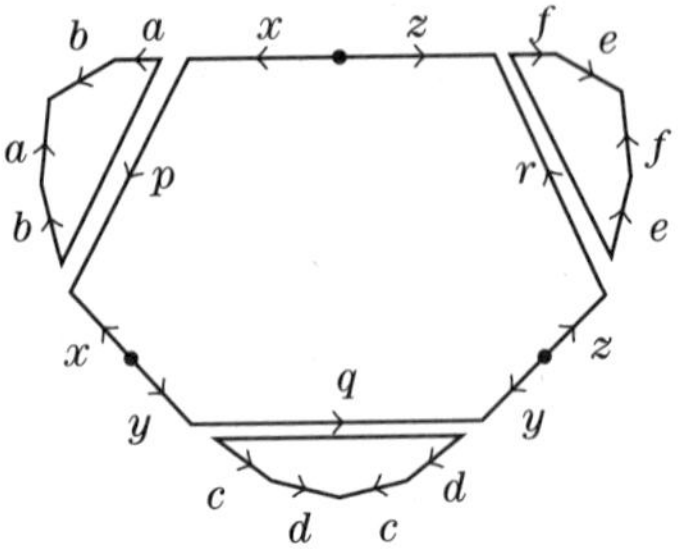

種数3のトーラス

同じように頂点がどう貼り合わされるかを調べてみると図のように三つの頂点A、B、Cがあることがわかります。

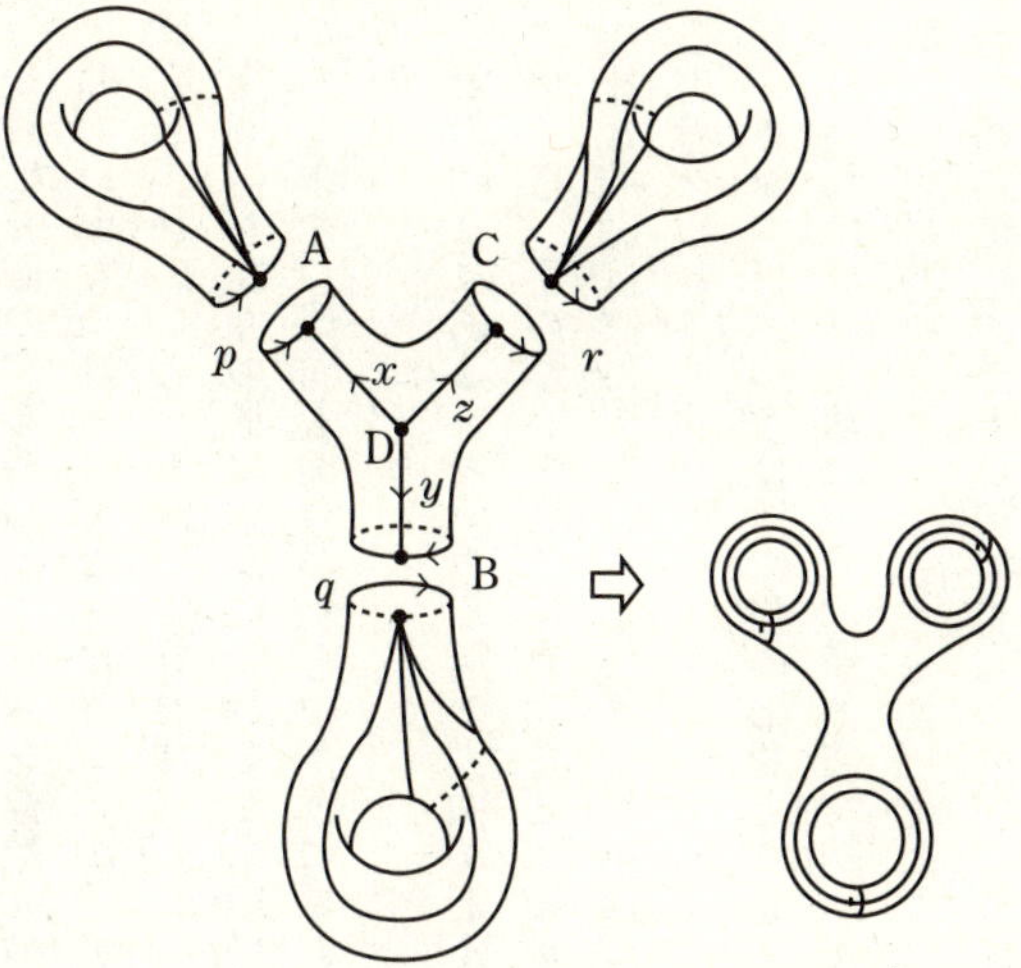

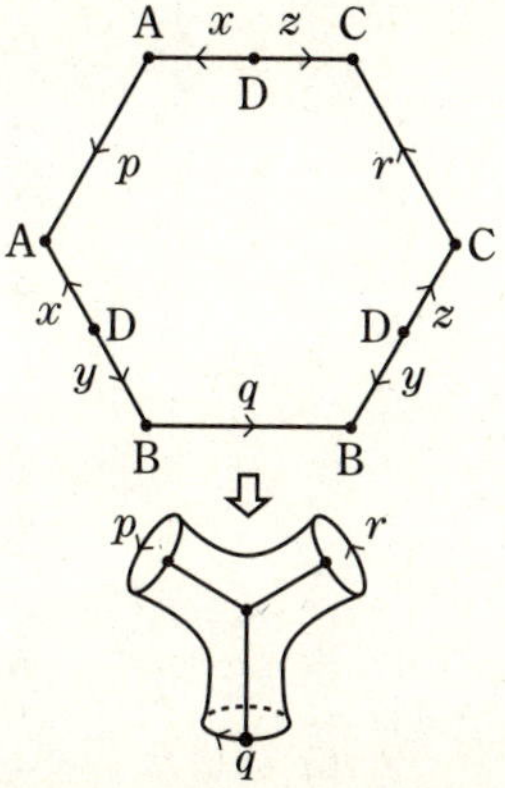

九個の頂点のうち三つが貼り合わされ、残り六つは二つずつが組になり貼り合わされます。

貼り合わせを実行すれば、半ズボンの形になり、その三つのループにそれぞれハンドルを貼り付ければ、曲面は上図のような形（種数3のトーラス）になります。

リンゴと虫の図、本間の曲面

一般にn個の穴を持つトーラスを種数nのトーラスといいます。私たちの空間の中で曲面に傷をつけることなく作ることができる曲面はこのような種数nのトーラスか球面しかないことがわかっています。

空間内の曲面の形は確かにこれしかないのですが、曲面の空間の中での姿はたくさんあります。球面も柔らかくどのようにでも変形できるので、いろいろな形を取れるのです。

身の回りにあるいろいろな形の表面がどんな曲面になっているのかを観察してください。取っ手のついている洋食器などに種数2のトーラスが現れることがありますが、複雑な曲面は案外少ないものです。動物の身体の表面は種数3のトーラスになっていると考えられます。

トーラスはふつうは浮き袋の形をとりますが、次の図の曲面もトーラスです。

私たちは日常生活の中で、浮き袋を結んだり、タイヤのチューブを結んだりなどということはしないし、できません。それでも、柔らかいビニールのパイプを適当な長さに切って結ぶことは可能でしょう。こうすると、この形はトポロジー的にはトーラスなのですが、結び目になります。

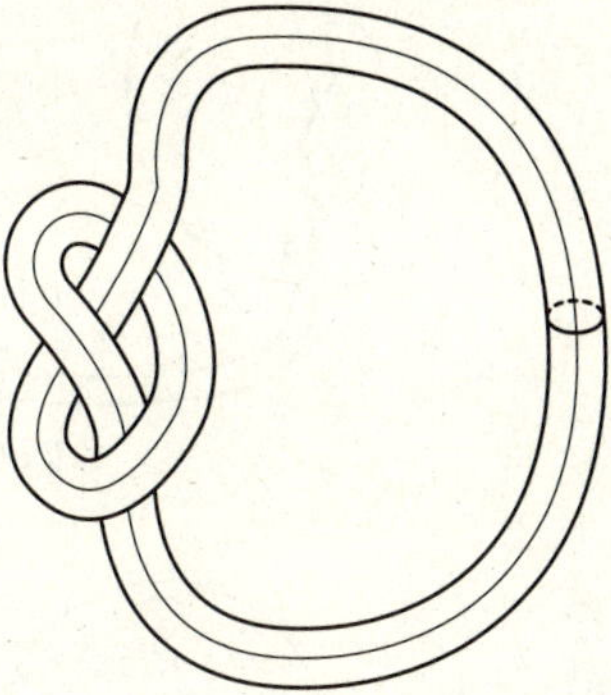

このトーラスは結び目になっていますが、確かにトーラスには違いありません。結び目はたくさんあるので、結び目になったトーラスもたくさん作れます。

一方、トーラスの穴を「結ぶ！」こともできます。穴を結ぶというのはちょっとわかりにくいかもしれません。リンゴの表面に虫が一匹いて、リンゴの中を食べ進んでいき、また表面に出てきました。この「虫食いリンゴ」の表面はトーラスになっています。虫が上から下まで、まっすぐにリンゴを食べ

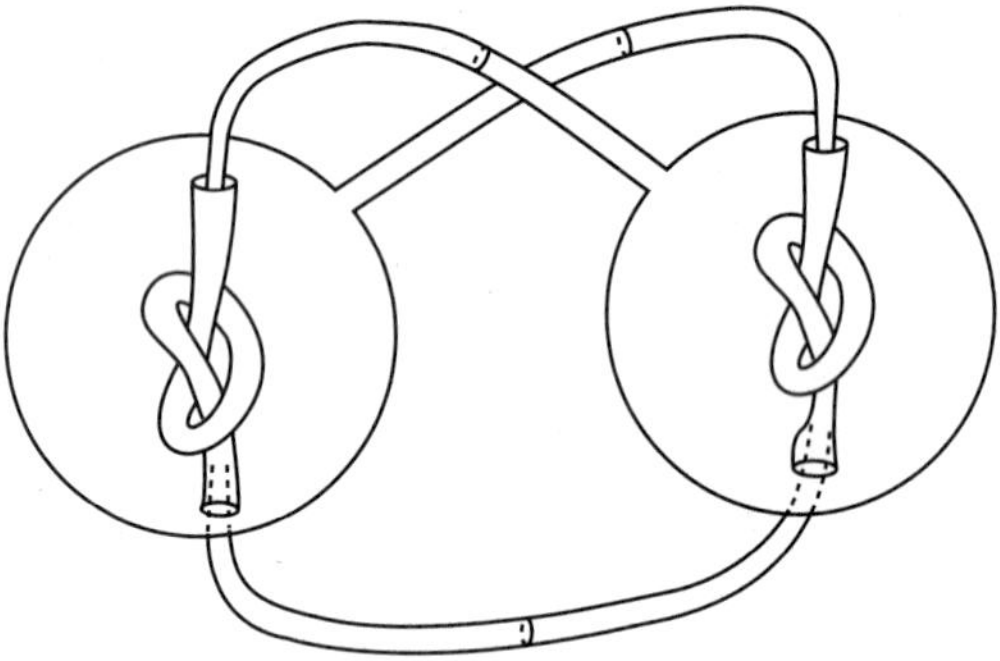

本間の曲面

進んだと考えると、リンゴの内部に貫通した穴があくのでトーラスになっていることが納得できます。虫食いの穴がとても大きいと思えばいいのです。

このとき、虫が結び目にそって進むと、「結ばれた穴をもつトーラス」ができます。

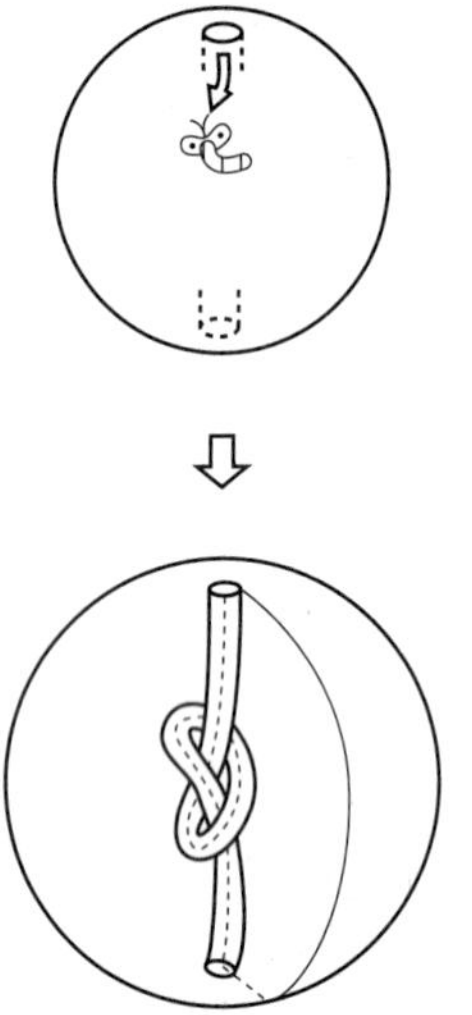

ただのトーラスでもこれだけいろいろな形があるのですから、種数が2以上のトーラスにな

るとちょっと考えられないほど複雑怪奇な曲面ができます。有名な例として「本間の曲面」をあげておきましょう（右頁上図）。

では、正方形の展開多角形のところで出てきた、傷なしではこの空間の中に作ることができない曲面、射影平面やクライン管などはさらに一般化できるのでしょうか。

6　クライン管再考

ねじれパイピング

トーラスは球面にハンドルを一つつけた曲面です。このハンドル工事は次のように考えることもできます。今度は球面に穴を二つあけ、その穴をチューブでつなぐのです。この工事をパイピングと呼ぶことにします。

ハンドルを取り付けるのと、パイピングするのとは、ちょっと見ると違うように見えます。実際ハンドル取り付けは穴を一つ開けるだけ、パイピングは穴を二つ開ける、しかし、ハンドルの取り付け穴をずっと大きく広げておけば、パイピングとハンドル取り付けとが同じ操作であることがわかります。

できた曲面は確かにトーラスになっています。一方、さっき考えたリンゴとそれを食べる虫の例では球面にあけた穴を球面の「裏側からパイピング」していることになります。

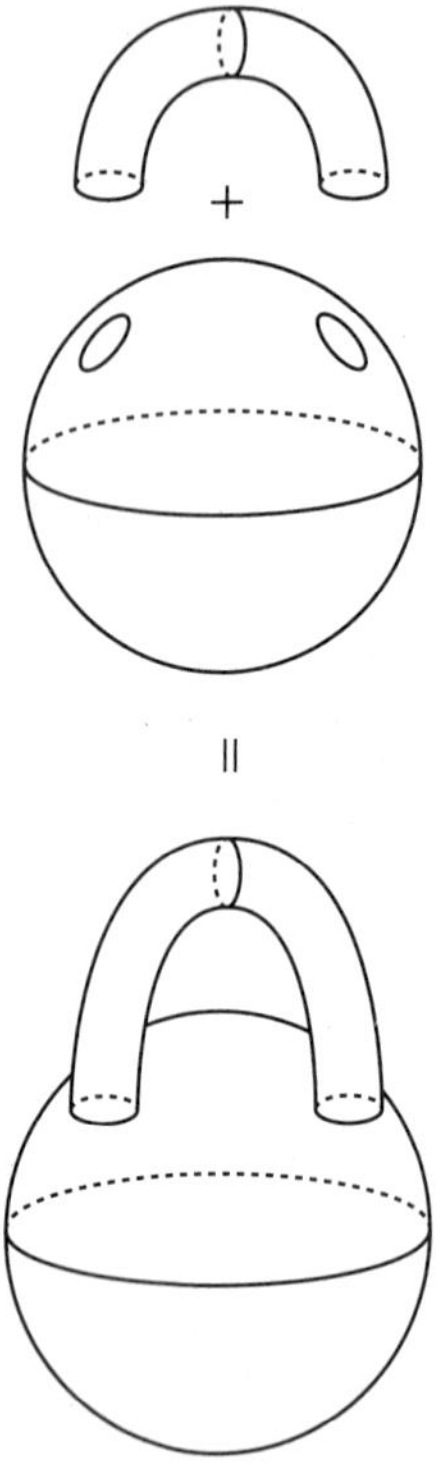

トーラス

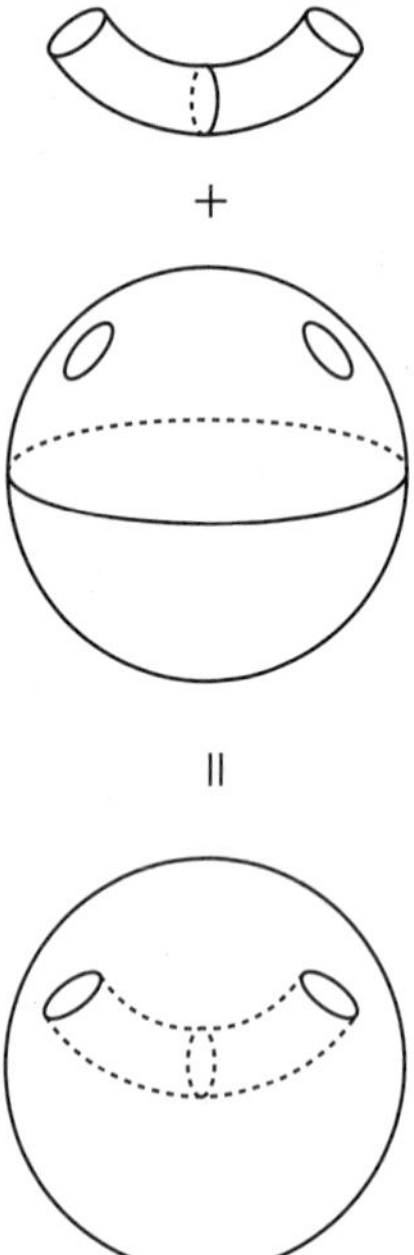

トーラス

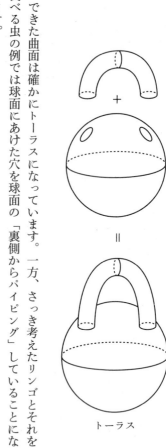

この図をじっと眺めていると、確かに裏側パイピングもトーラスになることが見えてきます。

ところで、クライン管はどう考えればいいのでしょうか。クライン管の図をもう一度じっと眺めてみましょう。

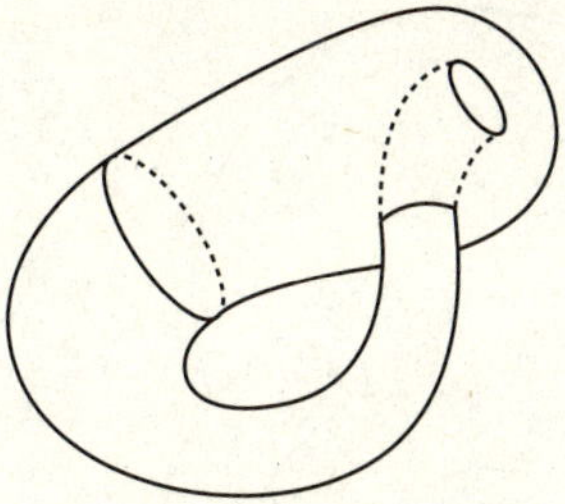

クライン管

胴体の部分を膨らませ、傷があるのですがつながっている部分を少し細めにしてみると、……。

そうです。クライン管もパイピングの一種なのですが、トーラスが球面に二つあけた穴を表どうし、あるいは裏どうしでパイピングしているのに対して、クライン管は球面に二つあけた穴を表と裏からパイピングしているのです。ですからどうしても球面を通過させるために傷ができるのです。これを「ねじれパイピング」と呼ぶことにします。

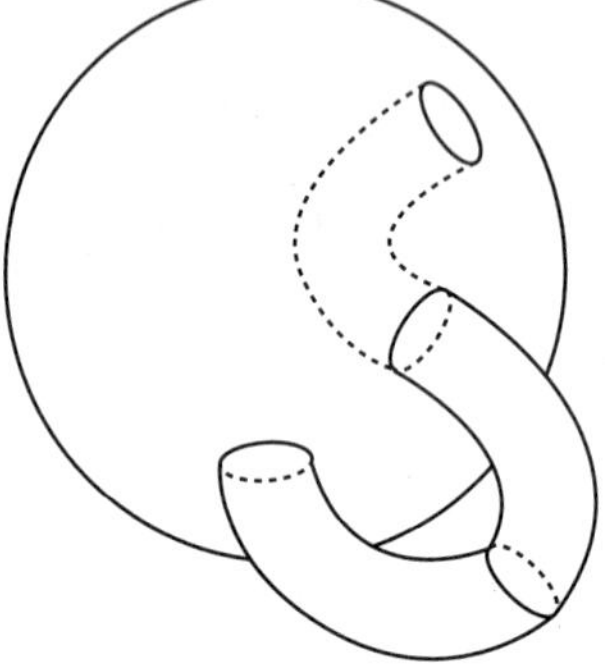

クライン管

ふつうのパイピングとねじれパイピングはどうして違うのでしょうか。それは球面に表と裏があるからです。もし球面に表、裏の区別がなければ、表どうしをパイピングする、裏どうしをパイピングする、表と裏をパイピングするという区別はなくなってしまい、どれも球面にあけた二つの穴をチューブでつなぐということになるでしょう。

けれどもふつうの球面には表と裏があります。球面の表、裏の区別をなくしてしまうことができるでしょうか。

メビウスの帯、再登場

ここでメビウスの帯が再登場します。メビウスの帯はへりのある曲面で、ふつうの展開多角形では表すことができませんでしたが、紙を一度ひねって貼り合わせると簡単につくることができました。そしてそのへりは二重になってはいますが、確かに円周でした。

メビウスの帯のへりが円周であることは射影平面でも説明しました。たとえば、普通の円柱もへりを持ち、へりはバラバラの上下二つの円周になっています。一方でメビウスの帯はねじれているので、この円柱の上下二つの円周がくっついてしまい、一つの円周になっているのです。この二重の円周を無理やり普通の円周に直すとどうなるか、それが十字帽という図形でした。

メビウスの帯

そのへり

この円周に円板を貼り合わせることは、私たちの空間の中ではできません。しかし、「4次元の空間」を使えば円板とメビウスの帯を貼り合わせることができ、これが射影平面でした。

ところで、球面に穴を一つあけた図形はその穴を広げてしまえば円板になります。

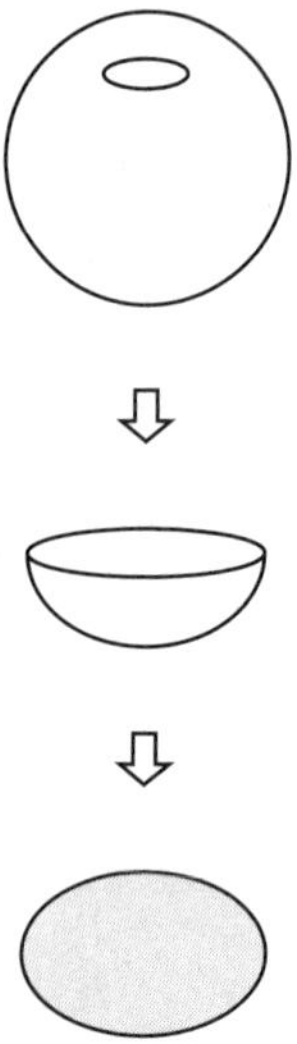

円板

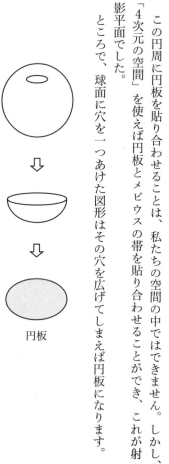

ですから、メビウスの帯に円板を貼り合わせるというのは、球面に穴を一つあけてそこにメビウスの帯を貼り合わせることと同じです。つまりこの曲面は射影平面です。ところが、こうしてメビウスの帯が貼り付けられた球面（すなわち射影平面）は、このメビウスの帯のおかげで、表と裏の区別を失ってしまいます。したがって、この曲面上ではふつうのパイピングとねじれたパイピングとは同じものになるのです。

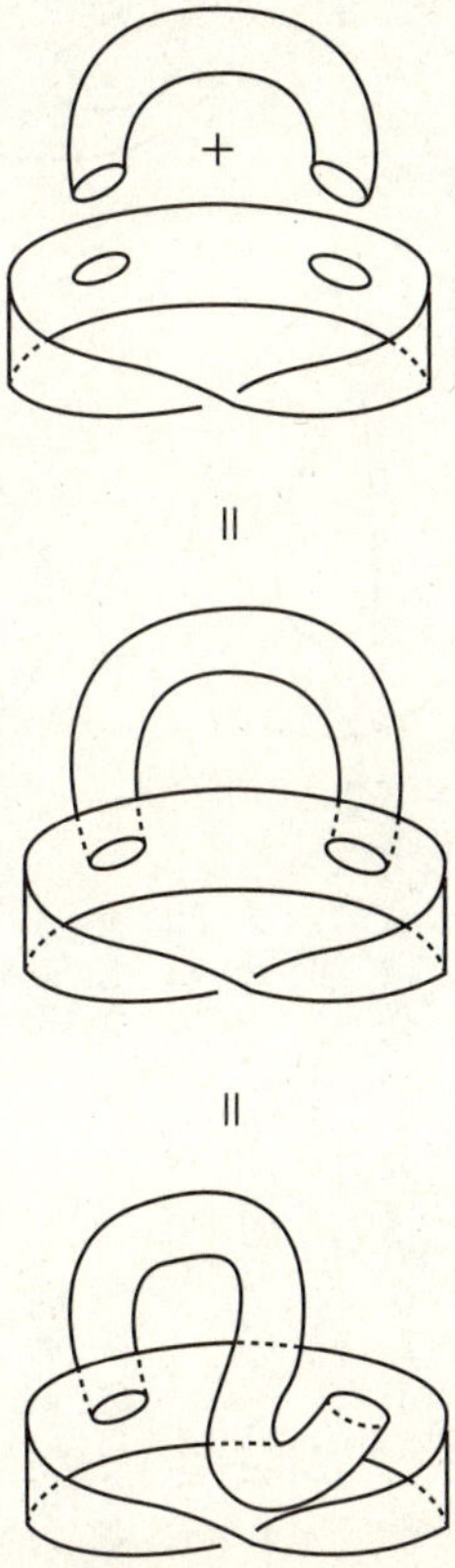

クライン管はメビウスの帯二つ

ここで、もう一度クライン管について考察してみましょう。次頁の図（上）のよう

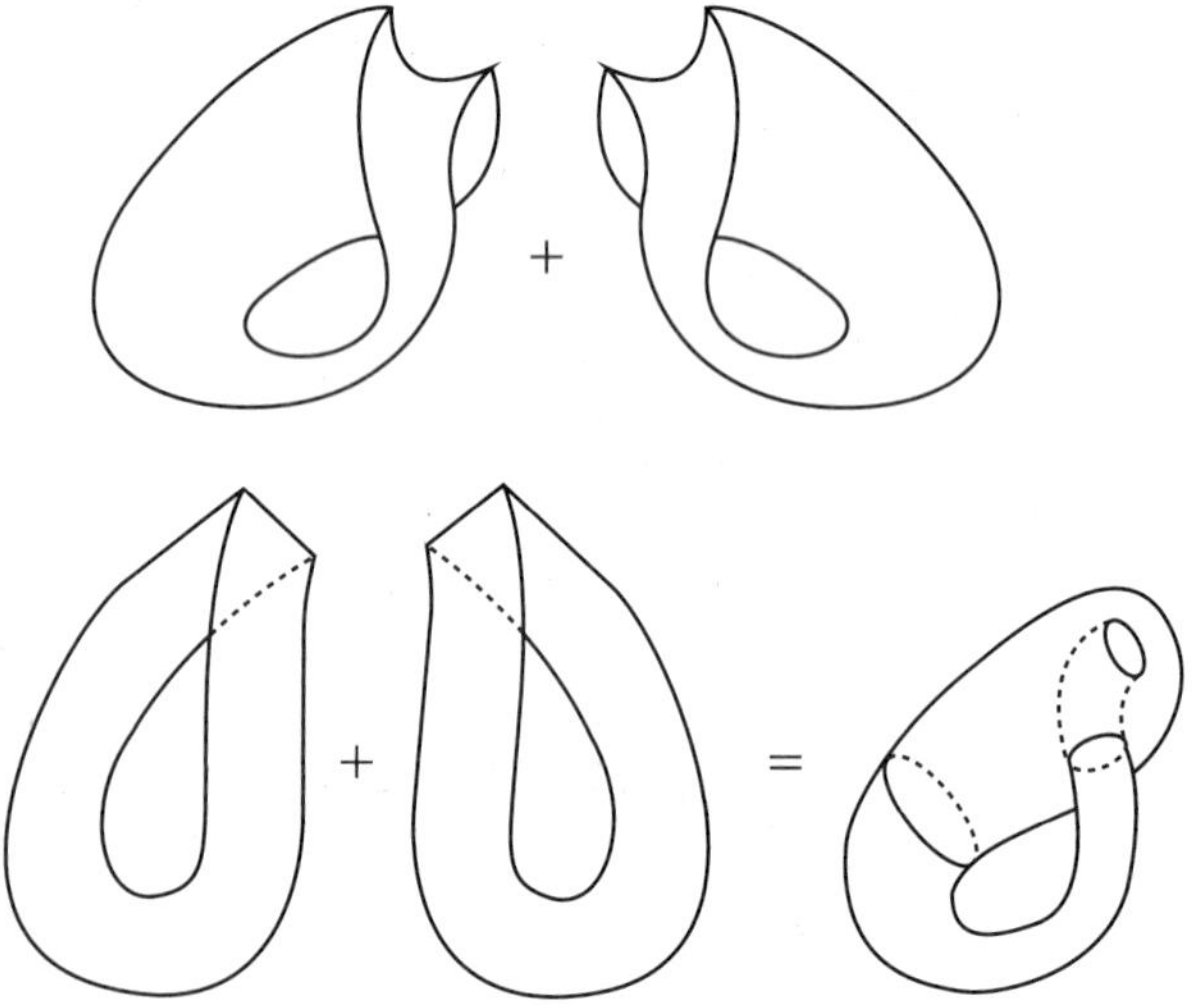

メビウスの帯　＋　メビウスの帯　＝　クライン管

にクライン管を半分に切ってみます。

それぞれはなにになっているでしょうか。少し想像力を働かせて、クライン管の傷の部分をもう一度修復し、私たちの空間に戻してみると……、クライン管を二つに切ったそれぞれの部分がメビウスの帯になっていることがわかります。つまり、クライン管は二つのメビウスの帯をその境界で貼り合わせた曲面になっています。

これで、射影平面やクライン管を一般化するとどうなるのかがわかります。

球面にn個の穴をあけ、そこにメビウスの帯を貼り合わせるのですが、nが偶数個のときは、二つのメビウスの帯を残し、残りのメビウスの帯を二つずつペアにしてクライン管をつくります。それぞれのクライン管はねじれたパイピングですが、それをメビウスの帯を使ってふつうのパイピングに直し、最後に残った二つでクライン管をつくる。結局、$n = 2k$ のときは $(k - 1)$ 個のパイピングと1個のクライン管をもった曲面ができます。

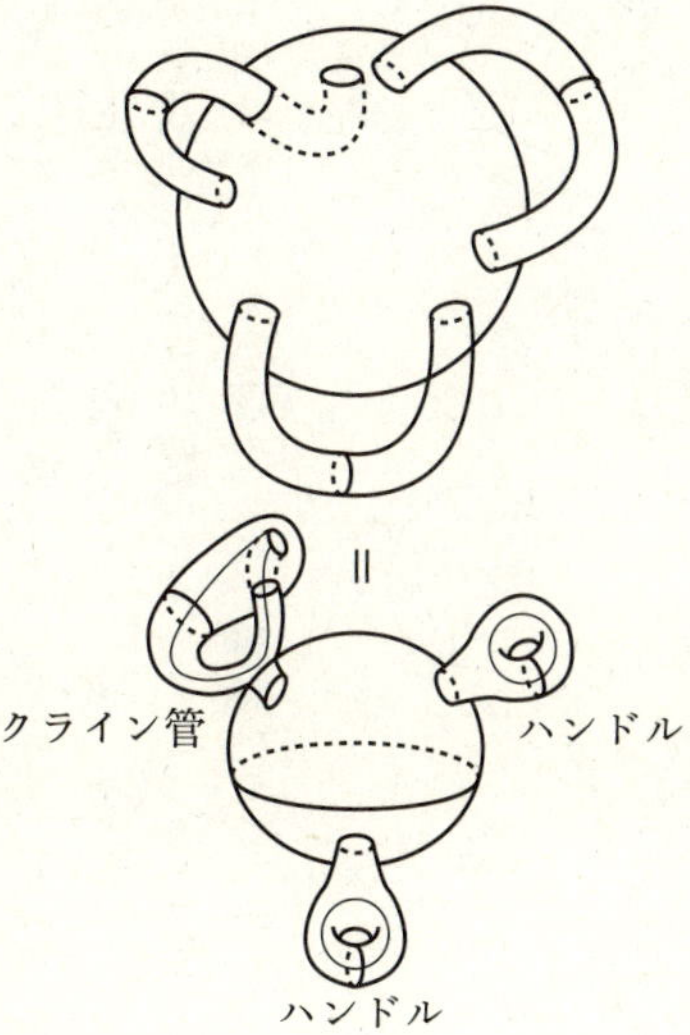

nが奇数$n = 2k + 1$のときは1個のメビウスの帯だけを残し、残りのメビウスの帯を二つずつペアにしてクライン管をつくります。それぞれのクライン管、つまりねじれたパイピングを残ったメビウスの帯を使ってふつうのパイピングに直せば、k個のパイピングと1個のメビウスの帯をもった曲面ができ上がります。

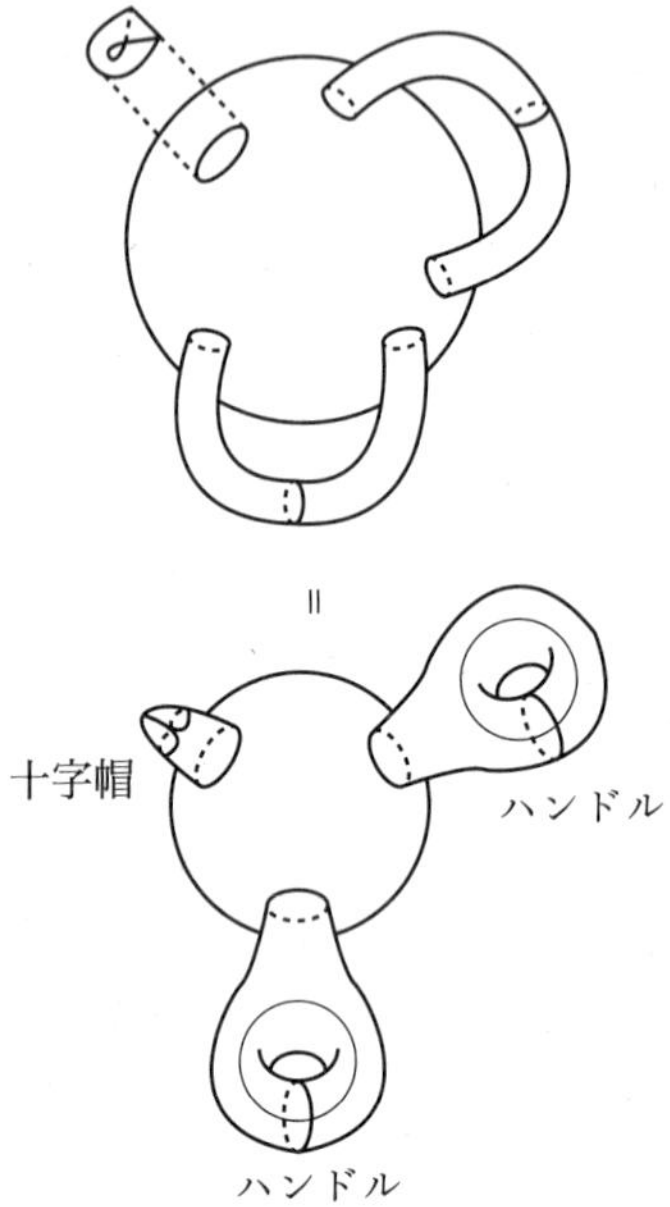

これらの曲面はいずれも裏と表の区別をもたず、私たちの空間の中では傷なしにつくることはできません。

これが曲面のすべてです。

まとめ――曲面の分類

まとめてみると、私たちがこの空間の中で眺めている曲面はすべて球面か種数が n のトーラスです。ただし、それらの曲面の空間の中での姿、形は千差万別でいろいろなものがあります。これらの曲面はいずれも裏と表の区別をもち、この空間の中では「水を入れる容器として役立つ」曲面です。

一方、この空間の中では傷なしには作れない曲面がありました。それは球面か種数 n のトーラスに一つのメビウスの帯か一つのクライン管を貼り合わせた曲面で、裏と表の区別をもたず、したがって内側と外側の区別がない、「水を入れる容器としては役立たない！」曲面なのです。

曲面の分類はトポロジーが最初に手に入れたとても大切でおもしろい定理でした。これをもう少し数学的に整理したものがホモロジー理論です。では次章でホモロジー理論の説明をしましょう。

第5章　曲面のホモロジーとホモトピー

1　曲面上の牧場

トーラス星の牧場

前の章では展開多角形という曲面の設計図に従って多角形の辺を貼り合わせて曲面を作りました。そのとき、曲面は球面というもっとも単純な曲面にいくつか穴をあけ、そこをパイピングしたり、あるいはメビウスの帯やクライン管を貼り合わせたりして作りました。この章では展開多角形の考え方をもう少し整理して数学の理論に発展させてみます。最初のアイデアは曲面を切ってみるということです。

前にグラフ理論を考えたとき、グラフを切断してつながり方をみるというアイデアを紹介しました。グラフの場合は点と線からできている1次元の図形なので、ハサミで辺を切ってみることで、切断の理論を作ることができました。

曲面の場合は2次元の図形なので、ハサミでチョキンと切ってみることはできません。そこでそれに代わるアイデアとして、曲面をぐるっと切ってみることを考えます。曲面をぐるっと切るとはこういうことです。曲面の上にぐるっと一回りして戻ってくる曲線（閉曲線といいます）を考え、その曲線にそって曲面を切ってみるのです。

そこで、切ってみる前にこの曲線がどんな性質をもつのか、こんな話で考えてみましょう。

球面（地球）の上に牛が放し飼いになっています。牧場主は牛が遠くに逃げていかないように、柵《さく》で囲いを作り牧場にすることにしました。これで一安心です。牛たちはこの柵を越えて逃げ出すことはできません。別の言葉でいえば、球面上に作った柵は牧場の内側と外側を分けています。

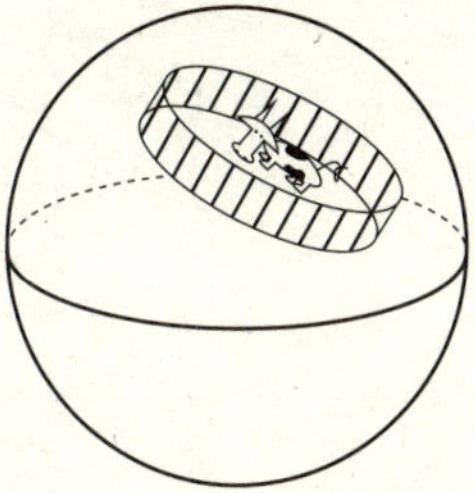

ところが、あるとき牧場主は別の星に移住することになりました。今度の星は地球ならぬ地トーラス星でした。最初は小さな牧場で満足していたのですが、そのうちに

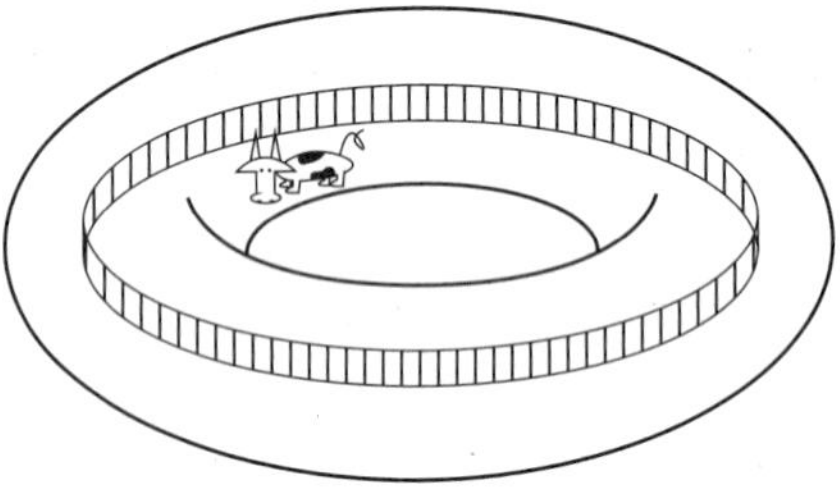

なるべく大きな牧場を囲みたいと思うようになり、上の図のような柵を作りました。
これは地球でいえば赤道全体にわたって柵を作ってしまったようなものです。トーラス星の緯線といってもいいでしょう。万里《ばんり》の長城《ちょうじょう》どころの話ではありません。何年かかって建造したのでしょうか。

牛が逃げ出した理由

牧場主は柵ができたので一安心でしたが、ある日、柵の外側に牛がいるのを見てびっくり。「柵が壊れた！」と思って全部の柵を点検したのですが、不思議なことに柵はどこも壊れていないのです。つまり、この柵は牧場の内側と外側を分けていなかったのです。

球面上ではどのような閉曲線でも球面を内側と外側に分けます。ただ、どちらが内側でどちらが外側かという区別は意味がないので、球面を二つに分けるといったほうがい

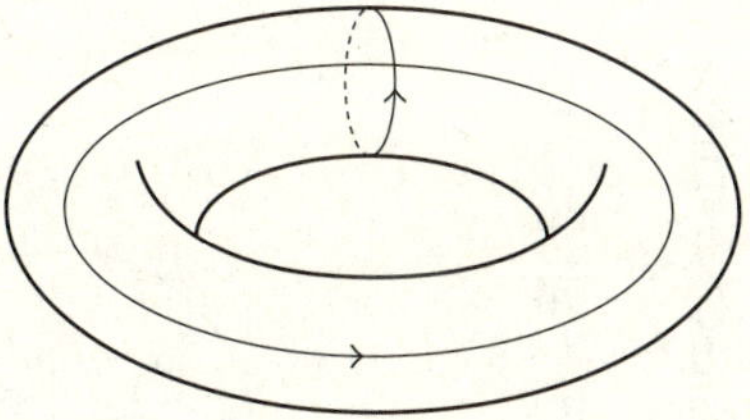

いでしょう。しかし、トーラス上の閉曲線はトーラスを二つに分けないことがあります。つまり、内側と外側を分ける柵としては役に立たない閉曲線があるということです。

実際、トーラス上にはそのような閉曲線が少なくとも二つあります。つまり、トーラス上の経線と緯線です。

この曲線の「両側」に二つの点P、Qをとると、ちょっと見るとこの曲線と交わることなしにP、Qを曲線で結ぶことは不可能のように見えますが、大回りをすれば曲線で結ぶことが可能なのです。つまり、この閉曲線の両側は両側に見えてじつは両側ではありません。

一方、球面上では、閉曲線の両側に二つの点P、Qをとれば閉曲線と交わることなしにP、Qを曲線で結ぶことはできません。ですから、球面ではこの閉曲線の両側は確かに両側なのです。

2　曲面を切ってみる

ホモローグ0の切断線

球面とトーラスのつながり方の違いが、曲面上に閉曲線を描くことで見えてきたのです。これをもう少し数学的にすっきりとさせましょう。

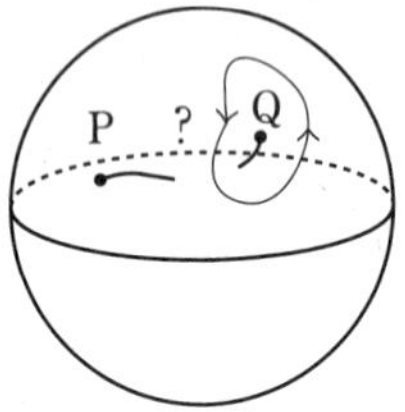

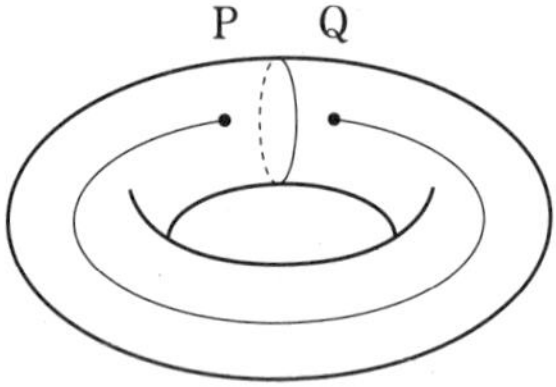

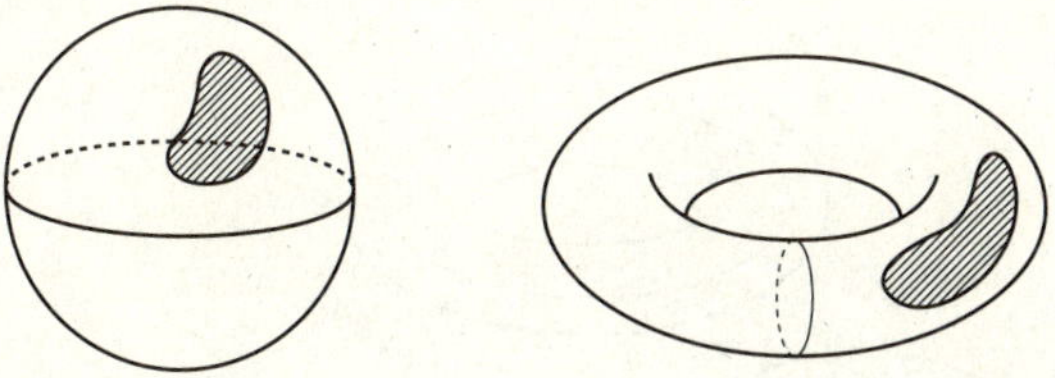

> **【定義】** 曲面M上の閉曲線を曲面上の切断線といい、その切断線が曲面を二つの部分に分けるとき、その閉曲線をホモローグ0の切断線という。

このように、曲面を閉曲線にそって切ったとき、曲面が分割されるかされないかでつながり方を考えよう、というアイデアをホモロジーといいます。

ホモローグ0の切断線で曲面を切ってみると、曲面は二つの部分に分かれてしまいます。

しかし、次頁上図のホモローグ0でない切断線z_1、z_2で切っても、曲面は二つに分割されることはありません。

少し考えてみるとわかりますが、球面上の切断線はすべてホモローグ0です。つまり、球面上には球面を分割しない閉曲線は存在しません。たとえば赤道は地球という球面を一周している切断線ですが、赤道で地球を切ってみれば、地球は北半球と南半球に

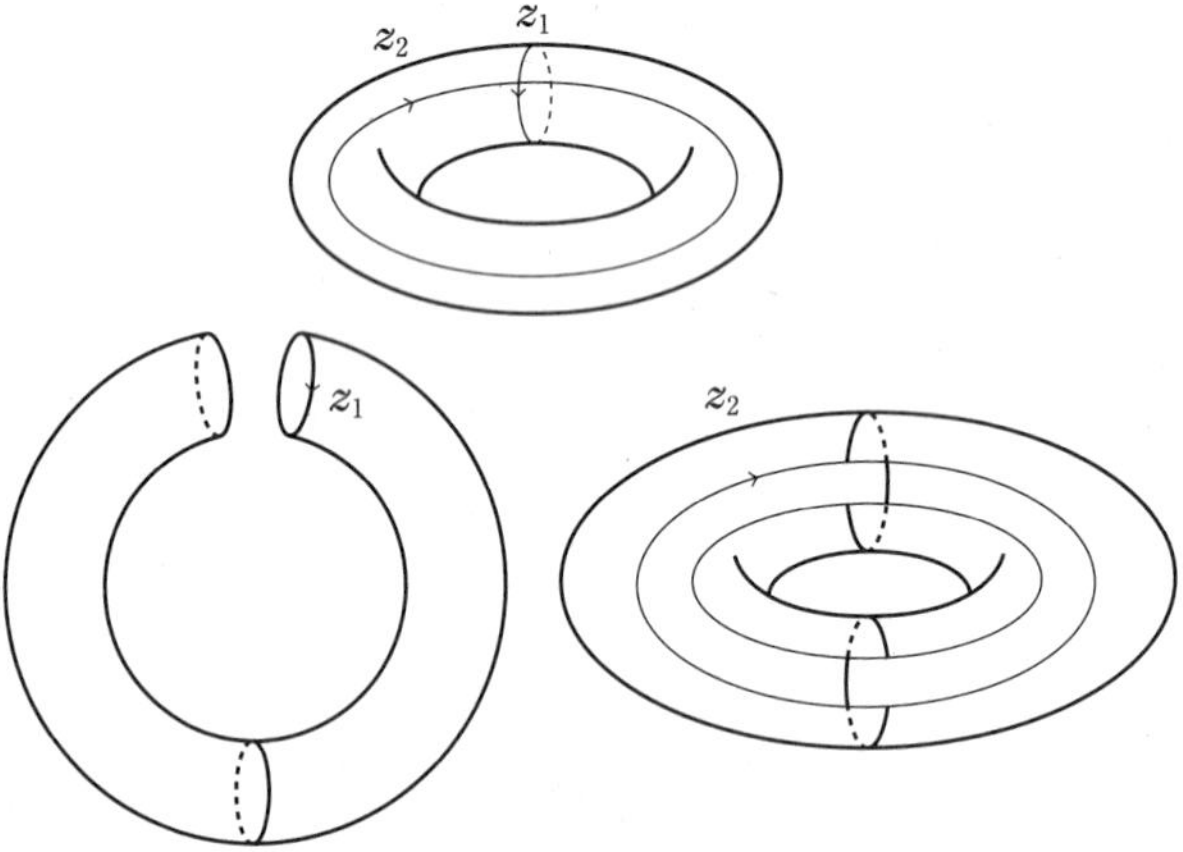

分かれてしまいます。

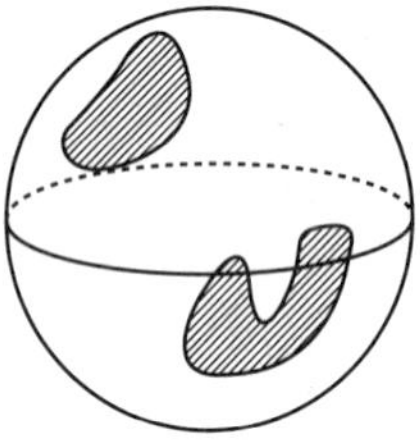

このことを球面の1次元ホモロジー群は0であるといいます。0は球面上にはホモローグ0でない切断線が一本もないことを表しています。

トーラス上のホモローグ0でない切断線

一方、トーラス上には、上の図のよう

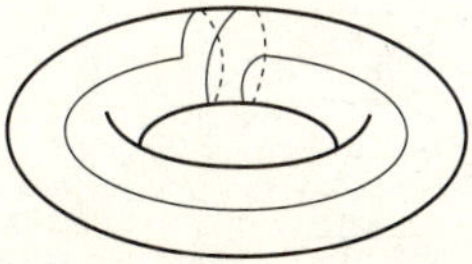

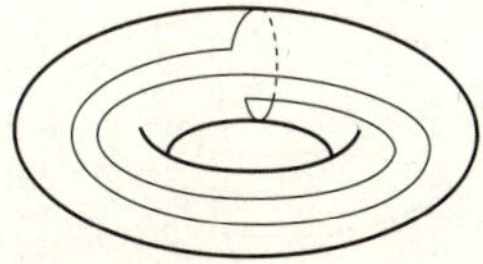

にホモローグ0でない切断線がz_1、z_2と少なくとも二本存在します。
では問題。

トーラス上にホモローグ0でない切断線がこの二本以外にあるでしょうか?


これはなかなかおもしろい問題です。ちょっと考えると、この二本以外にはないような気がしますが、本当でしょうか。

じつはトーラス上にはホモローグ0でない切断線が無限にたくさんあります。代表的な切断線をいくつかかいてみると上の図のようになります。

ところが、これらのホモローグ0でない切断線はよく見ると最初に紹介したトーラス上のホモローグ0でない切断線をつなぐようにしてつくられていることがわかります。

これを切断線の和(たし算)と呼ぶことにします。切断線の和とは、二つの切断線を形式的につなぎ合わせるということで、次頁の上の図

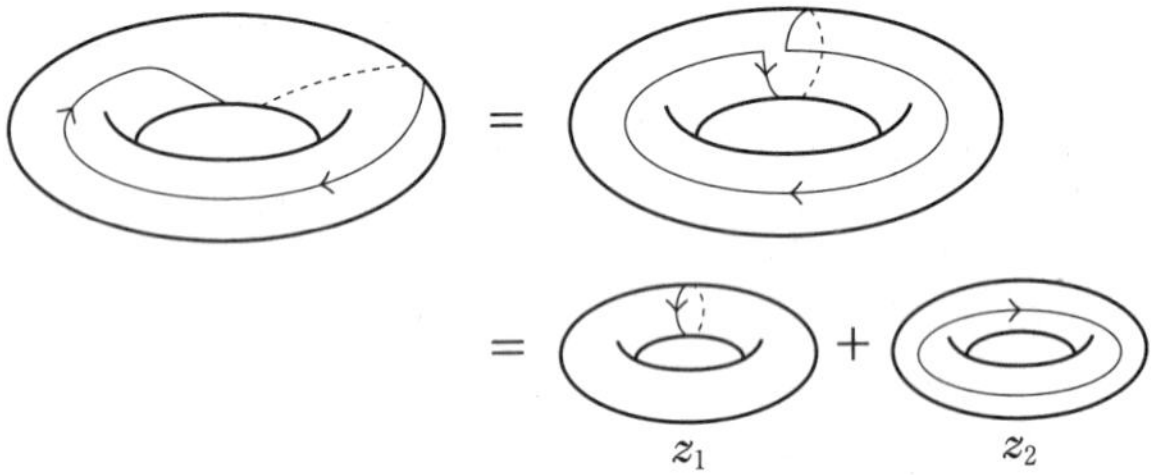

のように幾何学的に表現できる場合もあります。たとえば、$z_1+(-z_1)=0$（これを $z_1-z_1=0$ と書きます）は次の図で表現できます。この場合、0はホモローグ0であること、つまり、この切断線にそって切るとトーラスが分断されてしまうことを表しています。z_1 と $-z_1$ をたしている細い帯の矢印がちょうど打ち消しあっていることに注目してください。

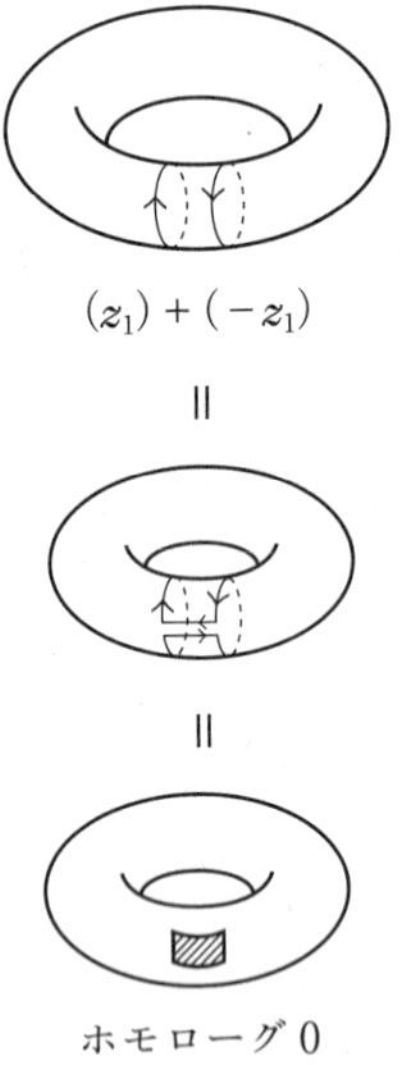

つまり、最初のホモローグ0でない切断線を z_1、z_2 とすると、これらの切断線はそれぞれ z_1+z_2 や $2z_1+z_2$ など

で表すことができます。すなわち、トーラスの縦方向に何度回るか、横方向に何度回るかということです。

群とはなんだろう

こうしてトーラス上のホモローグ0でない切断線はすべてz_1とz_2を、回る向きも含めてそれぞれ何回ずつ回るかという数のペアで表すことができます。つまり、縦方向にn回、横方向にm回回る切断線を(n, m)と書くのです。たとえば、$z_1 + z_2$は$(1, 1)$で表されます。

　このペアの全体を数学では整数の全体を表す$\mathbf{Z}$という群を使い、

$$\mathbf{Z} \oplus \mathbf{Z} = \{(n, m) \mid n, m\text{は整数}\}$$

と表すのです。n、mは任意の整数ですが、マイナスの整数のときは切断線を逆方向に回ることを表していて、(n, m)というペアは切断線

$$nz_1 + mz_2$$

を表しています。

切断線z_1は（1, 0）、切断線z_2は（0, 1）で表されるので、

$$\begin{aligned} nz_1 + mz_2 &= n(1,\ 0) + m(0,\ 1) \\ &= (n,\ 0) + (0,\ m) \\ &= (n,\ m) \end{aligned}$$

となっているのです。

こうして、トーラスの切断線の様子を群$\mathbf{Z} \oplus \mathbf{Z}$で表すことができます。この群を

トーラスの1次元ホモロジー群といいます。

ここで、群という言葉が出てきました。群とは数学のとても大切な構造の一つで、最初は方程式を解くための理論に関係して、方程式の解の全体の中に潜む対称性を考えるための概念としてガロアによって導入されました。方程式の解の全体の中に潜んでいた「対称性」こそが、方程式の解の公式が存在するかどうかを握る鍵《かぎ》だったのです。この数学は後にガロア理論という現代数学に結実しました。さらに数学が発展していくにつれ、群そのものが数学の研究対象になり、群のもう一つの姿、数の演算の抽象化であるという側面がクローズアップされます。整数の全体は普通のたし算で群になります。それを$\mathbf{Z}$と書いたのです。

現在では群とは「たし算（かけ算）」ができるものの集まりをいいます。ただし、群のたし算はふつうの数のたし算でなくてもいいので、ここでは切断線のたし算を考えて群を作っています。

つまり、球面にはホモローグ0でない切断線はないということが0という群で表されていて、ここでは$0+0=0$がたし算になっています。また、トーラスでは大切な切断線が2本あり、それを使ってすべてのホモローグ0でない切断線をつくることができるという事実が、群$\mathbf{Z}\oplus\mathbf{Z}$で表されているのです。

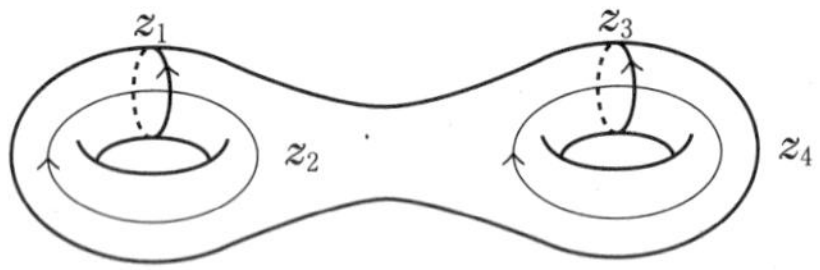

3　曲面のホモロジー群

トーラスのホモローグ0でない切断線の様子を表す群$\mathbf{Z} \oplus \mathbf{Z}$をトーラスの1次元ホモロジー群といいます。二つの切断線z_1、z_2をどちら向きに何回りするかがそれぞれ整数の群$\mathbf{Z}$で表され、この$\mathbf{Z}$を二つ使った群でトーラスの切断線全体が表されるわけです。

トーラス上の切断線はz_1、z_2という二本の切断線を使って表すことができるので、この二本の切断線をトーラスの基本切断線と呼ぶことにします。

では、二つ穴のあいた種数2のトーラスの切断の様子を見ましょう。

種数2のトーラスの切断

種数2のトーラスを分断しない切断線はどうなっているでしょうか。ふつうのトーラスからの類推で、トーラスを縦、横にぐるっと回る四本のホモローグ0でない切断線があることは容易にわかります。

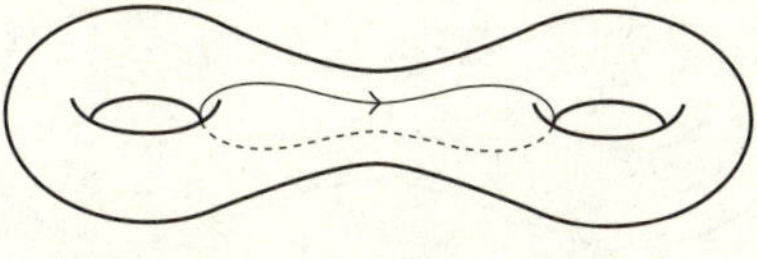

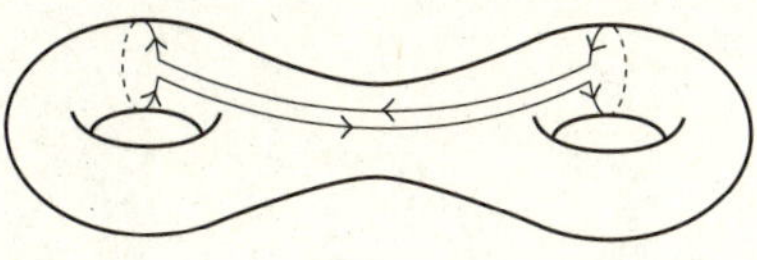

種数2なので穴は二つありますから、それぞれを縦横に回る切断線が右頁の図に書いてあります。このほかにこの曲面を分断しない切断線があるでしょうか。

上図上の切断線で切っても曲面は分断されません。しかもこの切断線は新しい切断線のように見えます。

ところが、この切断線は種数2のトーラス上の基本切断線で表すことができるのです。

上図下を見てください。二つの基本切断線を結んでいる帯の向きが行きと帰りで逆向きになって打ち消しあっています。

じつはこれが最初にお見せしたトポロジー手品のタネなのです。上図上の切断線は真ん中のブリッジに引っかかっていますが、それは基本切断線を使うと、両方の穴を一回りする二つの切断線で表すことができるのです。

結局、種数2のトーラス上には四本の基本切断線が存在します。トーラスの場合と同様に、それぞれの切断線

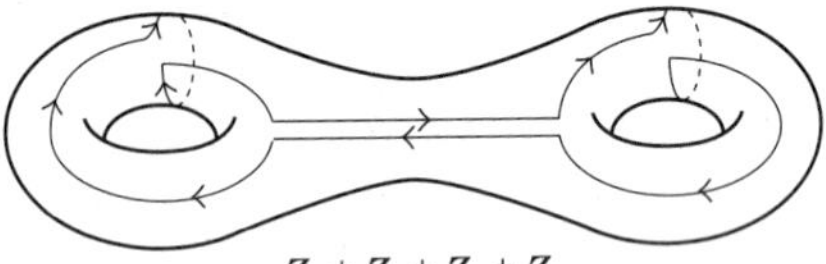

$Z_1+Z_2+Z_3+Z_4$

を何回りするかを整数nで表すと、ホモローグ0でない切断線は四つの整数の組によって表せるので、種数2のトーラスの1次元ホモロジー群は、

$$\mathbf{Z}\oplus\mathbf{Z}\oplus\mathbf{Z}\oplus\mathbf{Z}=\{(n_1, n_2, n_3, n_4)\mid n_1, n_2, n_3, n_4 \text{ は整数}\}$$

となります。

たとえば、$z_1+z_2+z_3+z_4$という切断線（1, 1, 1, 1）は上の図で表すことができます。

これを一般化すれば、種数kのトーラスの1次元ホモロジー群は、

$$\mathbf{Z}\oplus\mathbf{Z}\oplus\cdots\mathbf{Z}\oplus\mathbf{Z}=\{(n_1, n_2, \cdots, n_{2k})\mid n_1, n_2, \cdots, n_{2k} \text{ は整数}\}$$

となることがわかります。この群を整数のつくる群$\mathbf{Z}$の$2k$個の直和群といいます。

では、クライン管や射影平面の切断線はどうなるでしょう。

クライン管の切断

前章でも見たように、クライン管はトーラスの遠い親戚《しんせき》のようなものですが、ねじれているところが違っています。この「ねじれ」が切断線にどのような影響を与えるのかが問題です。

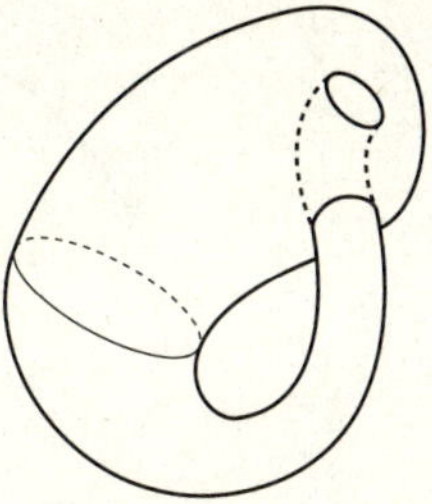

すぐにわかることはトーラスと同様に、縦に一回りと横に一回りのホモローグ0でない切断線があるということです。

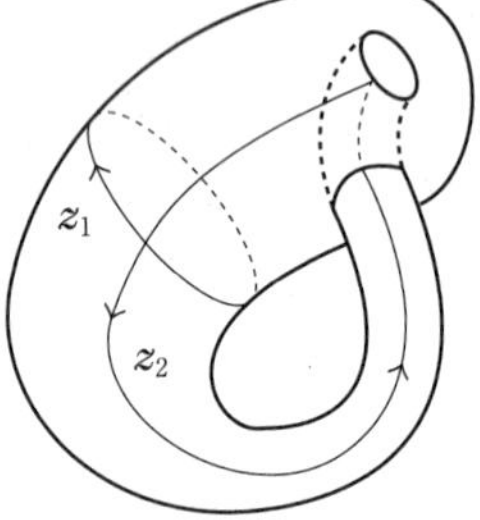

これらで切ってもクライン管は分断されないので、これらは確かにホモローグ0でない切断線になっています。

ところが、z_2を二回りしてみるとどうなるでしょうか。切断線z_2を二回りするとごく自然に元に戻ってきて、出発点につながることがわかります。

z_2を二回りするときは、クライン管の3次元空間の中に残っている傷の部分から裏側に入り込んでいることに注意して下さい。

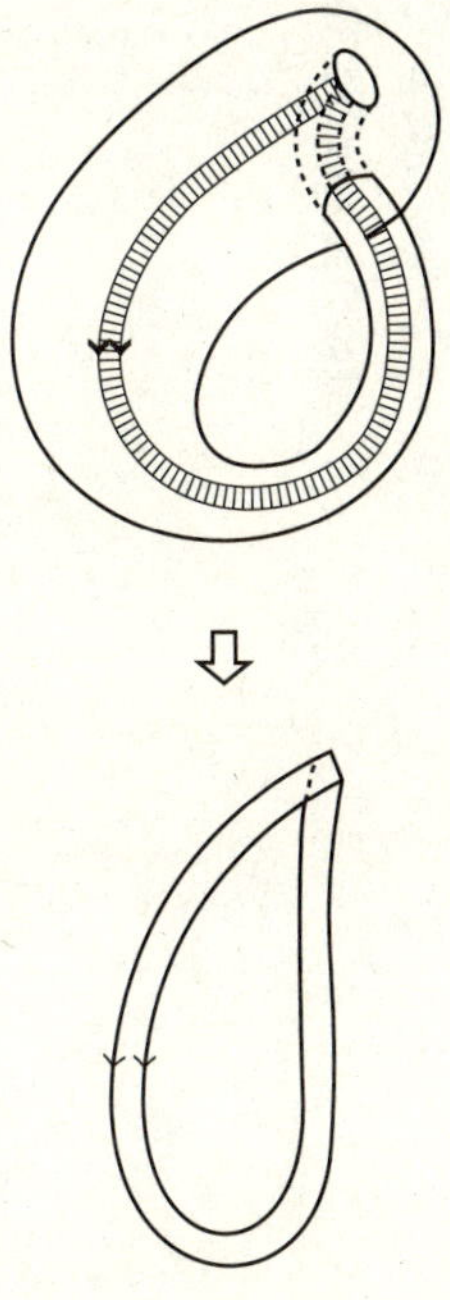

メビウスの帯

つまり、この切断線は二回りするとクライン管からメビウスの帯を切り取ることがわかります。これがクライン管がねじれていることの現れにほかなりません。

ところで、曲面を分離してしまう切断線がホモローグ0の切断線で、これは勘定に入れないという約束でした。元の切断線はホモローグ0でないのに、二回りするとホモローグ0になってしまうという奇妙な切断線がクライン管の上にはあるのです（注じつは数学的にはz_1がねじれているのですが、ここでは視覚的なz_2で考えることにしましょう）。

このような切断線はトーラス上には決して出てきません。これを「ねじれた切断線」と呼ぶことにします。

ねじれた切断線を表現するために0と1だけからなる群$Z_2 = \{0, 1\}$を考えます。この群でのたし算は、

$$0+0=0, \quad 0+1=1+0=1, \quad 1+1=0$$

とします（0を偶数、1を奇数と考えると分りやすい）。こうすると$1+1=2$が0になり、二回りするとホモローグ0になるという切断線をこの群の1で表現することができるのです。

こうしてクライン管の1次元ホモロジー群は、

$$Z \oplus Z_2$$

で表されます。

射影平面の切断と曲面の分類

では射影平面はどうでしょうか。

射影平面はメビウスの帯に円板を貼り合わせた曲面でした。ふつうの円柱だと、センターラインで切断すると二つの円柱に分かれてしまいます。

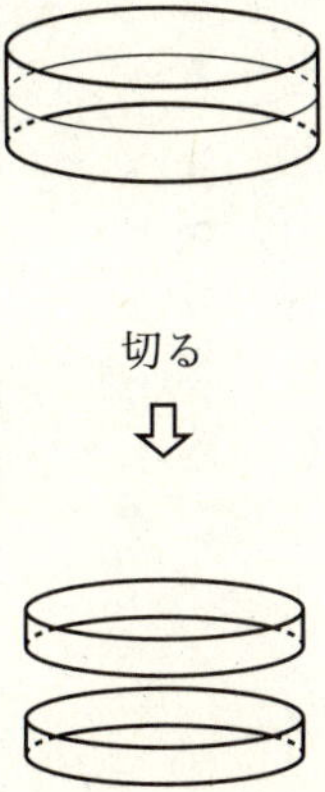

一方、メビウスの帯の中にはセンターラインを一回りする切断線があり、この切断線で切ると、メビウスの帯はばらばらにならず、一つの大きな輪になります。これがメビウスの帯のねじれの表現です。

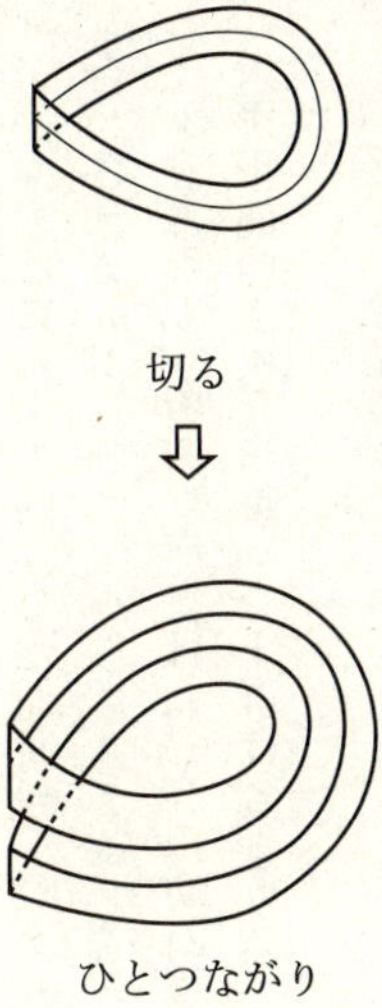

ところが射影平面ではこれを二回りした切断線、つまりメビウスの帯のへりが円板のへりと貼り合わされているわけですから、クライン管の場合と同じように、二回りするとホモローグ0になり、射影平面にはねじれた切断線しかありません。ですから、射影平面の1次元ホモロジー群はZ_2となるのです。

曲面のホモロジー群についてわかったことをまとめておきましょう。曲面Mのホモロジー群を$H_1(M)$で表します。

定理（曲面の1次元ホモロジー群）

球面S：$H_1(S)=0$

種数nのトーラスT_n：$H_1(T_n)=Z\oplus Z\oplus\cdots\oplus Z$(2$n$個)

クライン管K：$H_1(K)=Z\oplus Z_2$

射影平面P：$H_1(P)=Z_2$

これで、曲面が違えばホモロジー群が違うし、ホモロジー群が違えば曲面が違うことがわかります。つまり、ホモロジー群で曲面が完全に分類できるのです。これが20

世紀の初め頃に完成したトポロジーによる「曲面の分類定理」の大きな成果でした。

4　ホモトピー／円周を縮めてみる

一番大きな面積を囲う円周

ここまでの曲面論をたどってみると、空間内にある曲面の分類は曲面にいくつ穴があいているか、つまり種数で決定していることがわかります。ホモロジー理論ではこの穴の個数を「曲面を分断しない切断線の個数」で数えていたのです。しかし、曲面にあいた穴の個数はもう一つ別の方法でも数えることができます。それは「曲面上の円周を縮めてみる」という方法です。

もう一度曲面上の牧場に戻ってみましょう。

ロシアの昔話にこんな話があります。

人が土地を分けてもらう。あるところから出発し、歩けるだけ歩いて日暮れまでに元に戻ってくる。そのとき囲まれた土地をもらうことができる。ある男が歩き始めるが、土地を見ているとあっちも欲しい、こっちも欲しいと欲が出る。日暮れに間に合いそうになくなり、男は必死に駆け出す。ぎりぎり日暮れまでに出発点に戻ってくるが、そこで男は命を落としてしまった。

人は生きるためにどれほどの土地を必要とするかという寓話です。

ところで、寓話ではなく、球面上の円周で一番大きな面積を囲うものはなんでしょうか。

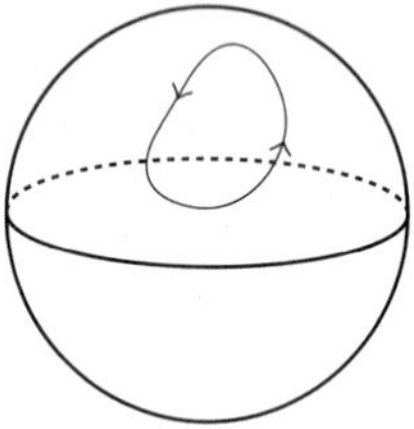

北極点の周りから出発してみます。遠慮してごく小さな円を書きました。囲んでいる面積は大したことはありません。もう少し欲張ってみました。円が囲う面積はだんだん広くなっていきます。もっと、もっと、もっと広く。とうとう円は赤道になりました。囲んでいる面積は北半球全体、でも、南半球と考えることもできそうです。な

るほど、つまり北極の近くで描いた小さな円も、逆に南極を含むほうを囲んでいると考えることもでき、そうするとずいぶんと大きな面積を囲んでいることになります。どちらを囲んでいると考えても、円を北極か南極、どちらかの極に向けて縮めていくと、円は最終的には1点にまで縮んでしまいます。これは球面上の円周が少しぐにゃぐにゃとしていても同じことです。証明は厳密にいうと少し面倒くさいのですが、直感的には円周を極に向けて縮めるのと同じです。

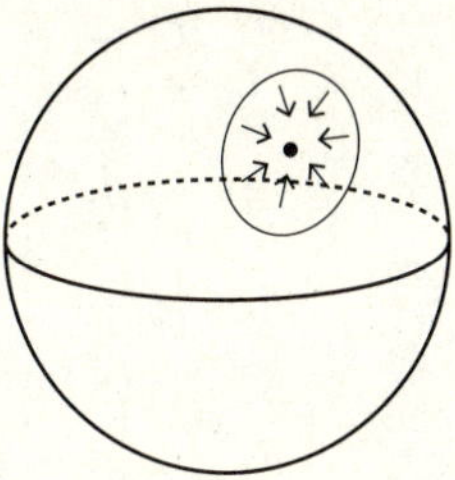

円周と同じようにある点から出発してその点に戻ってくる曲線を閉曲線と呼びました。

【定義】 曲面上の閉曲線がその曲面上で1点に縮むとき、その閉曲線をホモトープ0という。

このように、閉曲線が1点に縮むか縮まないかで曲面のつながり方を考えよう、というアイデアをホモトピーといいます。1点に縮むということは、閉曲線（ループ）を投げ縄と考えたとき、どこにも引っかからずに手元にたぐり寄せることができるといっても同じことです。

これを具体化するために曲面上に一つの点を取って固定し、その点を出発点と終点とする閉曲線を考え、それが出発点（終点）に縮まるかどうかを考えます。

前の頁で見たように、球面上では1点から出発するどんな閉曲線もすべてその点に縮めることができて、ホモトープ0になります。これをホモロジーの場合と同じように球面Sの1次元ホモトピー群は0であるといいます。曲面Mの1次元ホモトピー群をその曲面の基本群ともいい、$\pi_1(M)$で表します。したがって、

$$\pi_1(S) = 0$$

です。とくに基本群が0となる曲面を単連結な曲面といいます。

ホモロジー群では切断線の和を考えましたが、基本群では閉曲線の積を考えます。閉曲線の積とはある閉曲線を一回りし、引き続いてもう一つの閉曲線を回ることを意味しています。

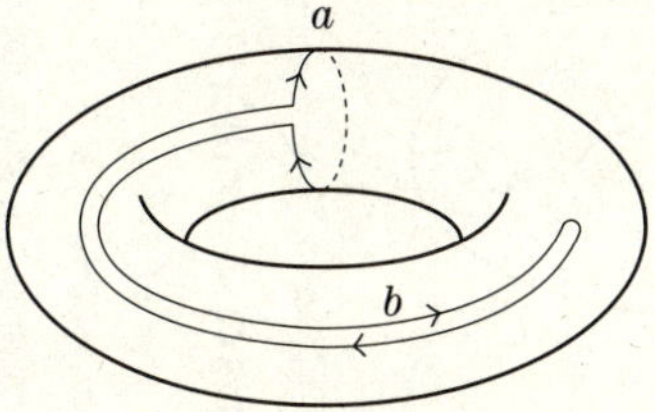

それでホモロジー群では二つの切断線 z_1、z_2 の和を z_1+z_2 で表しましたが、基本群では二つの閉曲線 a、b の積を ab と書きます。

ではトーラスの基本群はどうなるでしょうか。

トーラス上のホモトープ0でない閉曲線

トーラス上でも次のような閉曲線はすべてホモトープ0になります。

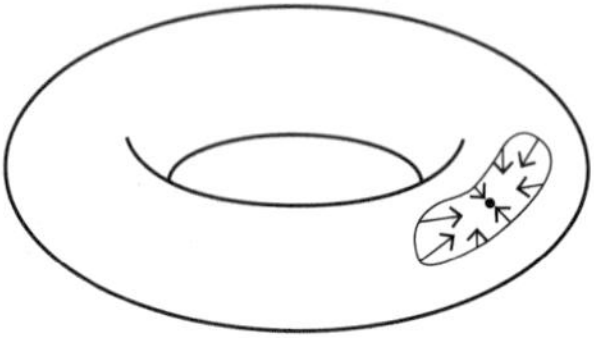

この場合は球面とは違って閉曲線の内側と外側の形が違うので、どちらに向けて縮めても大丈夫というわけにはいきませんが、確かに閉曲線を1点に縮めることができます。

ではトーラス上に1点に縮まないような閉曲線があるでしょうか。

あります。トーラスは球面と違って穴があいているので、そこに引っかかっている閉曲線は1点に縮めることができないのです。ですから、トーラス上にはホモトープ0でない閉曲線が二本あることがわかります。

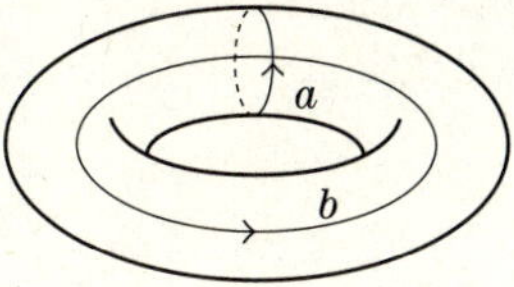

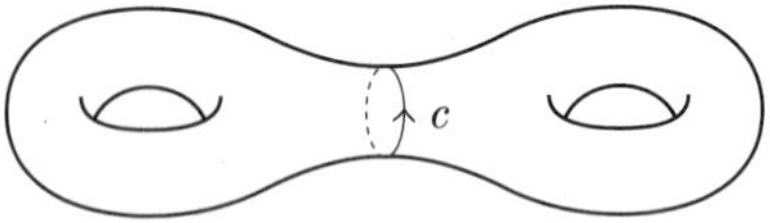

cはホモローグ0だが
ホモトープ0ではない

気がついたと思いますが、これはトーラス上のホモローグ0でない切断線、つまりそこで切ってもトーラスを分割しない閉曲線と同じです。球面ではすべての閉曲線がホモローグ0でありホモトープ0です。トーラスではホモローグ0でない切断線とホモトープ0でない閉曲線が一致しています。つまり、球面とトーラスでは、その閉曲線にそって切ると曲面がばらばらになるかならないかということと、その閉曲線が曲面上で1点に縮むか縮まないかということは同じになっています。ではホモロジーとホモトピーはいつでも同じになるのでしょうか。

ホモロジーとホモトピー

二つ穴のあいた種数2のトーラスを考えます。この曲面上にはホモローグ0でない切断線が四本ありました。真ん中のチューブを一回りする切断線cはホモローグ0です。

cがホモローグ0となるのは、実際にcで曲面を切ってみればすぐにわかります。このとき、分割された曲面に注意してくださ

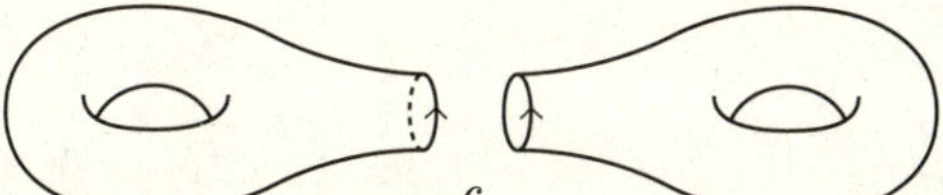

い。分割された曲面はどちらもハンドルにほかなりません。切り取られたほうも、残ったほうもハンドルであって円板ではないことを覚えておいてください。トーラス上のホモローグ0の切断線でトーラスを分割すると、片方はハンドルですが、もう片方（こちらが切り取られたという感じですね）は円板になっています。また、球面では閉曲線のどちら側も円板になっていました。

切断線 c はホモローグ0です。しかし、閉曲線 c はホモトープ0にならないのです。種数2のトーラスの場合、c を境界にもつ曲面はどちらもハンドルになっています。ハンドル上では境界線を縮めて1点にすることはできません。それはハンドルの「穴」が邪魔をするからです。閉曲線 c によって分割されるどちらか一方の曲面が円板なら、そちらを使って閉曲線を1点に縮めることができるのですが、今の場合は不可能です。したがって、c はホモローグ0ですがホモトープ0にはならないのです。

曲面の違いを見るために

ここでもう一度、ホモロジー理論ではなぜホモローグ0の切断線を勘定に入れないのかを考えてみましょう。

ホモローグ0の切断線とは、それにそって切ると曲面を分割してしまう閉曲線でした。その一番簡単な例が球面上の閉曲線で、これはどう描いても円板を囲んでしまいホモローグ0になります。

*注意　はなはだ奇妙な閉曲線だと円板を囲まないこともあるのですが、その場合でもホモローグ0になることが証明されています。

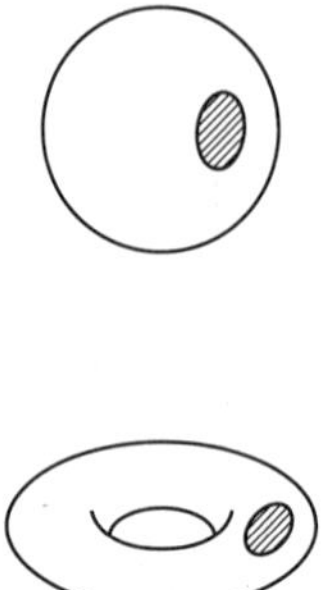

ところで、最初に曲面の話をしたとき、地球と地トーラスの違いを考えました。そして、地トーラスでも地球でもじつは私たちが目にする風景は少しも変わらないだろ

うというお話をしました。つまり、一部分だけを取り出して考えると、球面もトーラスも変わらない。ということはトーラスの上にも球面と同じように円板を囲んでしまい、ホモローグ0となる閉曲線がいくつもあるということです。

私たちがホモロジーやホモトピーという概念を考えるのは、曲面を分類、区別したいからです。ホモロジーを考えることで球面とトーラスの違いがわかることが大切だったのです。ですから、球面でもトーラスでも同じように描くことができるホモローグ0の切断線やホモトープ0の閉曲線は勘定に入れることをやめたのです。

ホモロジーは一定の成果を上げ、ホモロジー群は球面とトーラスの区別をつけることに成功しました。しかし、一方で、前に取り上げた種数2のトーラス上の閉曲線 c もホモローグ0として勘定に入れないということになってしまったのです。この閉曲線 c は明らかにどの曲面上にもいつでも描くことができるホモローグ0の閉曲線とは違っています。しかし、種数2のトーラスを分割してしまうので、ホモローグ0であることにまちがいはありません。

曲面をより精密に分類する

けれども同じ性質をもつ閉曲線、つまり曲面を二つのハンドルに分割する閉曲線を

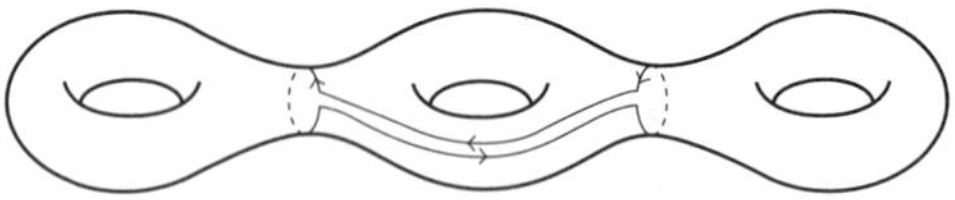

ホモローグ0だが
ホモトープ0にならない

球面やトーラス上に描くことはできません。ですからcはホモローグ0ではありますが曲面を区別するための大切な閉曲線なのです。これをきちんと区別するために考えられた概念がホモトピーです。

こう考えると、種数nが2以上となるトーラスにはホモローグ0だがホモトープ0でない閉曲線があることがわかります。結局ホモロジー群とホモトピー群は球面やトーラスでは同じなのですが、種数が2以上になるトーラスでは基本群のほうがホモロジー群より精密に曲面の違いを計測しているのです。

基本群の具体的な計算は少し複雑なのでここでは省略します。実例として、種数2のトーラスの基本群をあげておきます。

種数2のトーラスT_2の基本群、

$$\pi_1(T_2) = \{a, b, c, d \mid aba^{-1}b^{-1}cdc^{-1}d^{-1} = 1\}$$

右の式は群の表示という式です。この式は種数2のトーラスの基本群が4つの閉曲線 $\{a, b, c, d\}$ から作られていて、そのとき、

$aba^{-1}b^{-1}cdc^{-1}d^{-1}$という組み合わせができたら、それは1と考えて消してよいということを表しています。a、b、c、dを群の生成元、$aba^{-1}b^{-1}cdc^{-1}d^{-1}=1$を生成元の関係といいます。

群を生成元と関係で表すことはとても大切です。たとえば、今までの群ですと、

$$Z = \{a\}$$

$$Z_2 = \{a \mid a^2 = 1\}$$

$$Z \oplus Z = \{a,\ b \mid aba^{-1}b^{-1} = 1\}$$

などと表すことができます。

同じように考えると、トーラスT_1の基本群は、

$$\pi_1(T_1) = \{a, b \mid aba^{-1}b^{-1} = 1\}$$

となります。

右に示したように、この群は、

$$\mathbf{Z} \oplus \mathbf{Z}$$

となるのですが、この$aba^{-1}b^{-1} = 1$という関係は右側からbやaをかけて書き直すと、

$$aba^{-1}b^{-1} = 1$$
$$aba^{-1} = b$$
$$ab = ba$$

となり、結局生成元a、bのかけ算が交換可能であることを示しています。

ですから、トーラスの場合、a、bの積は整理すると必ず、

$$a^m b^n$$

の形になります。

このm、nを整数のペア(m, n)に対応させれば、トーラスのホモトピー群が、

$$\mathbf{Z} \oplus \mathbf{Z}$$

となることがわかり、これは確かにトーラスのホモロジー群と一致します。

ホモロジーとホモトピーはトポロジーという視点で図形を分類するときのもっとも基本的な道具立てで、トポロジーは「どう切ったらばらばらにならないか」「閉曲線が縮むか縮まないか」という素朴なアイデアを出発点にして現代数学に発展していったのです。

第6章　次元を超えて

1　次元とはなにか

ユークリッド空間における次元の定義

今までは主に曲面や曲線のトポロジーについてお話ししてきましたが、トポロジーの扱う対象をもう少し一般的に高次元の空間や図形について広げることができます。今まで漠然と次元という言葉を使ってきましたが、次元とは一体なんでしょうか。ここで少し次元について考えてみたいと思います。

私たちの住むこの空間は3次元であるといわれます。また、SFではよく4次元空間が登場します。4次元空間は本当にあるのでしょうか。4次元空間が見たい！というのは昔も今も変わらない数学少女、数学少年の夢なのではないでしょうか。超立方体を想像してわくわくした方もいると思います。そもそも次元とはいったいなんなのでしょうか。

数学では次元という言葉をいろいろな意味で使います。トポロジーや幾何学では次元を次の意味で使います。

最初にユークリッド空間の次元を定義しましょう。

$$R^n = \{(x_1,\ x_2,\ \cdots,\ x_n) \mid x_i \text{は実数、} i = 1,\ 2,\ \cdots,\ n\}$$

というn個の実数の組を考えて、一つひとつの組を点と呼び、

$$\mathrm{P} = (x_1,\ x_2,\ \cdots,\ x_n)$$

と書きます。2点 $\mathrm{P} = (x_1,\ x_2,\ \cdots,\ x_n)$ と $\mathrm{Q} = (y_1,\ y_2,\ \cdots,\ y_n)$ の間の距離 $d(\mathrm{P},\ \mathrm{Q})$ を、

$$d(\mathrm{P},\ \mathrm{Q}) = \sqrt{\sum_{i=1}^{n}(x_i - y_i)^2}$$

で決めます。

このとき距離 $d(\mathrm{P},\ \mathrm{Q})$ は次の性質をもっています。

1　距離は正または0の数値で負の値はとらない。

$$d(\mathrm{P},\ \mathrm{Q}) \geqq 0$$

2　距離はどちらから測っても同じである。

$$d(P, Q) = d(Q, P)$$

3　寄り道すると遠くなる。

$$d(P, Q) + d(Q, R) \geqq d(P, R)$$

寄り道すると遠くなる

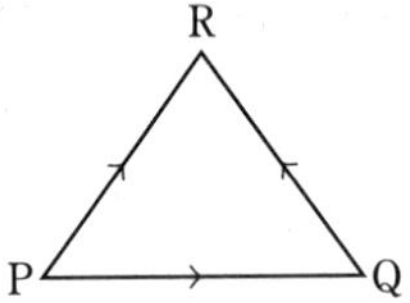

PQ + QR≧PR

最後の不等式を三角不等式といいます。これは「三角形の二辺の和は他の一辺より大きい」という有名な定理の一般化で、作家菊池《きくち》寛《かん》が「これだけは道を歩くときに役に立った」と言ったという有名な話があります。

このようにして距離が決まった空間 R^n を n 次元ユークリッド空間といいます。この場合nは実数の組の個数ですが、その空間の中での点の位置を決めるために必要な実数の数です。$n=0$の場合はなにも決めなくても点が決まってしまうことになりますが、この場合が0次元ユークリッド空間で、平たくいえばただの1点のことです。$n=1$の場合は一つの数を決めると点の位置が決まるということで、これは中学校で学ぶ数直線のことです。つまり直線上に原点をとると、点の位置は原点から左右にどれくらい離れているかで表すことができるということにほかなりません。したがって、1次元ユークリッド空間は直線です。同様にして、$n=2$, $n=3$の場合が座標平面と座標空間です。

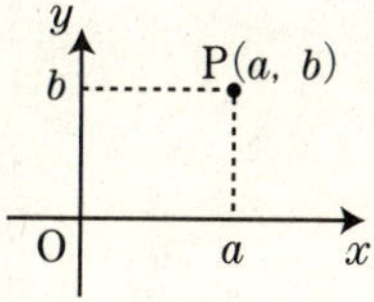

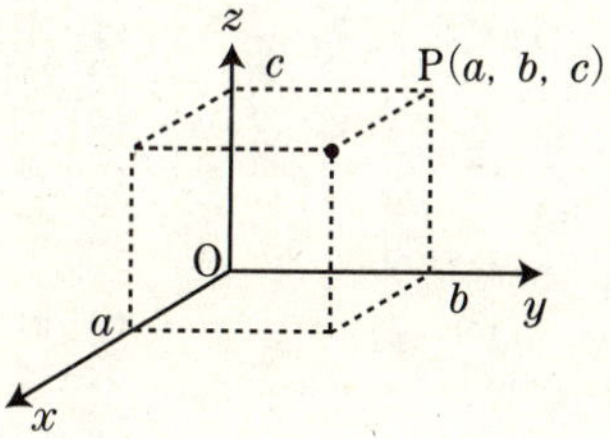

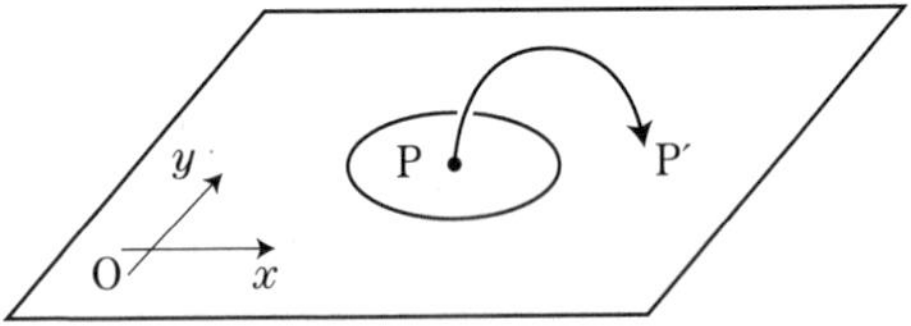

平面上の点は座標軸を決めれば、二つの数の組（x, y）で決まるし、空間内の点は同様に三つの数の組（x, y, z）で決まります。

4次元空間を想像する

では $n=4$ の 場合は？

$n=4$ の場合が4次元空間です。見えましたか？

私たちが住んでいるこの空間は3次元の空間です。ですから残念なことに4次元の空間を実体として認識することはできません。数学の力を借りて、思索するほかないのです。

ちょっと想像してみましょう。

平面の世界に住んでいる2次元人がいます。彼の周囲にぐるっと閉曲線を描いてみる。すると彼はこの閉曲線を越えて外に出ることができません。しかし、3次元に住んでいる私たちにとっては、彼を閉曲線の外に連れ出すことは容易で、彼をつまみ上げて三番目の次元を通過して外に出せばいいのです。しかし、三番目の次元が認識できない2次元人にとっては魔法のように見えるに違いありません。

これを私たちの空間に当てはめてみましょう。

私が密閉された檻《おり》に入れられているとします。いわば私は閉曲面に取り囲まれていて、外に出ることができません。しかし、４次元人にとっては私を檻の外に出すことは簡単です。私をつまみ上げて四番目の次元を通過して外に出せばいいのです。４次元人はゆで卵を割らずに中の黄身だけを取り出すことができるし、缶詰を開けずに中の果物を取り出すことができるのです。

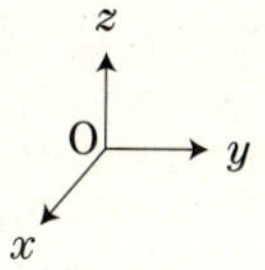

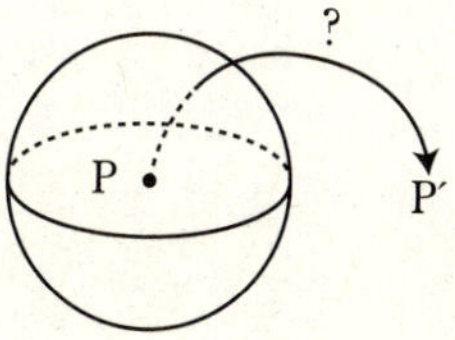

これらは数式を使ってきちんと表現することができ、数学の世界ではちゃんと成り

立っていることです。

少しだけ数式を使ってみます。最初に2次元人の驚きのほうです。3次元空間内のxy平面$z=0$上に円$x^2+y^2=1$があります。この平面上では原点$O=(0, 0)$は円の内側にあり、点$P=(1, 1)$は外側にあります。平面上でこの2点O、Pを円と交わらずに線で結ぶことはできません。しかし「3次元」を使えば、次のように円周と交わらない折れ線で結ぶことができます。

$$l_1:\{(0, 0, z) \mid x=y=0,\ 0 \leqq z \leqq 1\}$$
$$l_2:\{(x, y, 1) \mid x=y,\ 0 \leqq x \leqq 1,\ z=1\}$$
$$l_3:\{(1, 1, z) \mid x=y=1,\ 0 \leqq z \leqq 1\}$$

l_1、l_2、l_3をこの順序にたどれば、OとPを円周と交わらない折れ線で結べます。最初に第三番目の方向であるz軸方向にまっすぐに上昇し、$z=1$という異平面（！）に行き、そこで横に移動して、また元の平面$z=0$に戻ってくるのです。

つまり、円 $x^2+y^2=1$ は平面 $z=0$ 上にあり、直線 $y=x$ は平面 $z=1$ 上にあるので交わらないのです。

同じことが球面でもできます。では4次元空間を数式を通して見てみましょう。

4次元空間内の3次元空間 $w=0$ に球面 $x^2+y^2+z^2=1$ があります。この空間内では原点 $\mathrm{O}=(0,0,0)$ は球面の内側にあり、点 $\mathrm{P}=(1,1,1)$ は外側にあります。3次元空間内でこの2点O、Pを球面と交わらずに線で結ぶことはできません。しかし「4次元」を使えば、次のように球面と交わらない折れ線で結ぶことができます。

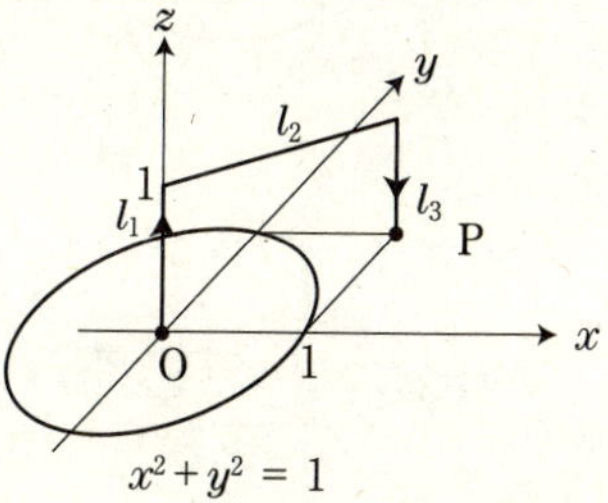

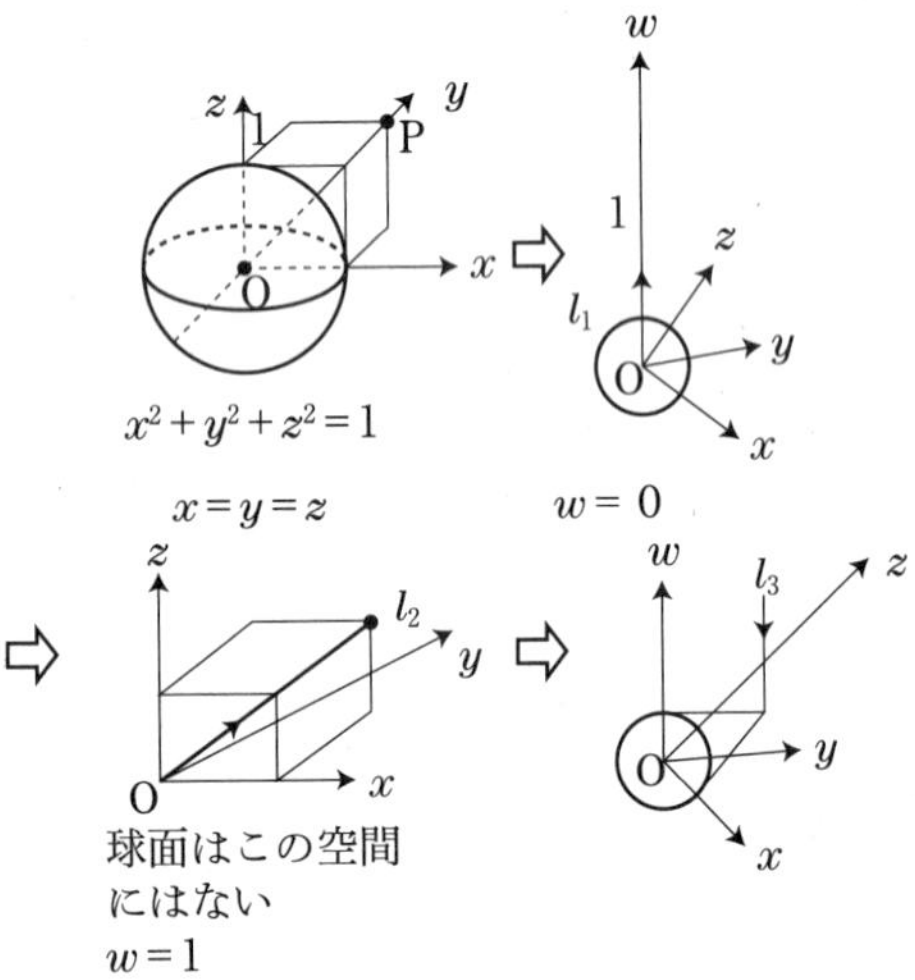

$l_1 : \{(0, 0, 0, w) \mid x = y = z = 0,$
$0 \leqq w \leqq 1\}$
$l_2 : \{(x, y, z, 1) \mid x = y = z,$
$0 \leqq x \leqq 1,\ w = 1\}$
$l_3 : \{(1, 1, 1, w) \mid x = y = z = 1,$
$0 \leqq w \leqq 1\}$

平面と空間の場合とまったく同じで、球面は空間$w = 0$内にあり、直線$x = y = z$は空間$w = 1$内にあるので交わらないのです。

数式を使って4次元を扱うというのはこのようなことです。

2　3次元の球面

1次元の円は2次元空間で見える

第4章で見たように、曲面とはその点の周りだけに限ってみると平面に見える図形でした。

それを元にして、一般に高次元の図形（n次元多様体）を次のように決めます。

【定義】点の集まりである図形Mを考える。Mのすべての点について、その点の周囲がn次元ユークリッド空間と同じになっているとき、Mをn次元多様体という。

曲線はこの意味で1次元多様体となり、曲面は2次元多様体になりますが、多様体という条件は結構強力で、次頁の図のような図形は2次元多様体にはなりません。

それぞれ示した点Pの近くでの状況が、2次元ユークリッド空間つまり平面になっていないことを確認して下さい。トポロジーはこうして高次元の図形を扱うようになりました。

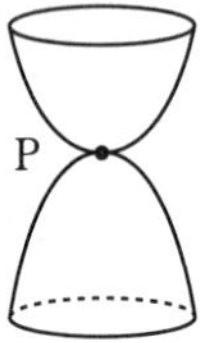

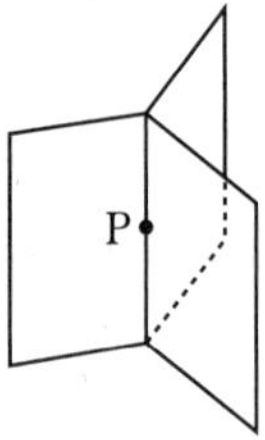

ポイント

一つ大切な注意をしておきましょう。それは図形固有の次元と図形を実現できる空間の次元とは同じではないということです。円周は1次元の図形ですが、円周を1次元の空間である直線の中に実現することはできません。円周を描くにはどうしても2次元の空間が必要です。さらに、この円周が結び目になっていたりすると、この図形を実現するためにはどうしても3次元空間が必要になります。

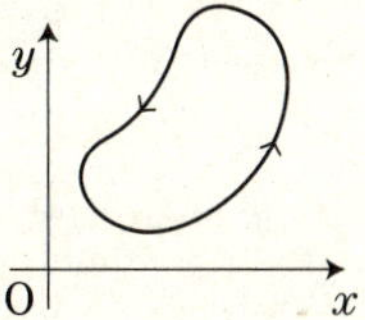

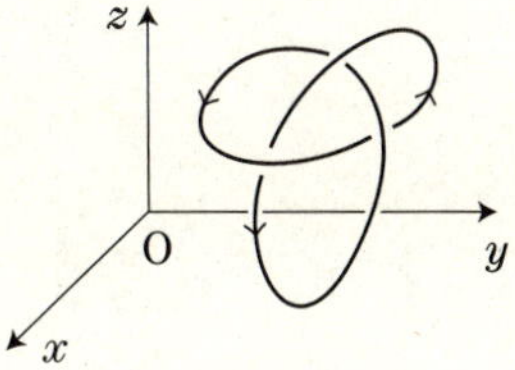

私たちがふつうに目にする球面（ボールの表面など）は2次元の球面です。2次元の球面は2次元の空間では実現することはできません。3次元の空間の中で初めて2次元球面を目にすることができます。これは平面の曲がり方は空間の中で初めて知ることができるといってもいいでしょう。

球面を裏側から見る

これから類推すると、3次元の球面は4次元の空間の中で初めて目にすることができるということです。3次元の球面はいわば「曲がった空間」なので、その曲がり方を見るためには4次元が必要なのです。中身の詰まった粘土玉やビー玉などは3次元の球体であって、3次元の球面ではないことに注意してください。

では、ここで類推によって3次元球面を眺めてみましょう。類推の元になるのは2次元の球面です。

2次元の球面を赤道で二つに分けます。上下の半球はお椀《わん》の形をしていますが、これはトポロジー的にはただの円板です。つまり球面は二つの中身の詰まった円板（2次元球）の境界を貼り合わせてつくられています。二つの円板の境界は平面上では貼り合わせることができないので、円板を少しくぼませて（ここに三番目の次元が必要）お椀の形にして貼り合わせているのです。

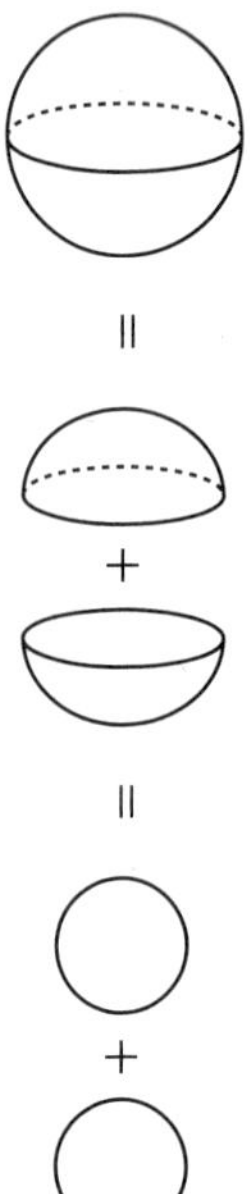

ところが、二つの円板を貼り合わせるのに、もう一つとても奇妙でおもしろい方法

があるのです。

それは片方の円板を「裏返す」という方法です。裏返すといっても円板を持ち上げてひっくり返すのではなく、円板の「内側と外側を入れ替える」ということです。2次元の球面上に円板がのっているとき、その円板の外側も円板だということがわかるでしょうか。

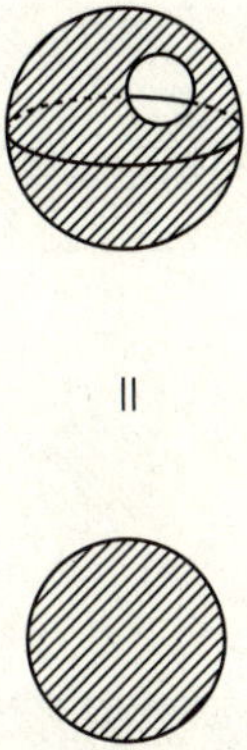

同じことを2次元の平面の上で考えるのです。
平面上に円周を描きます。円の内側はふつうの円板ですが、外側は無限に広がる平面です。その平面の無限の彼方《かなた》を一つの点にまとめてみましょう。つまり、無限遠点を考えて、３６０度すべての地平線を1点に絞ってしまうのです。ちょうど風呂敷《ふろしき》でスイカを包むような感じです。そこで、実際には見えない無限遠点があると考えると、円の外側も一つの円板になっているとみなせます。ですから、二つの円板の境界を貼

り合わせるとは、平面上に描かれた円の内側と外側を円周にそって貼り合わせることだ、とするのです。

もちろん、貼り合わせると2次元の平面全体（＋無限遠点、これは実際には見えません）になる。これが二つの円板を貼り合わせると2次元球面になることのもう一つの解釈です。

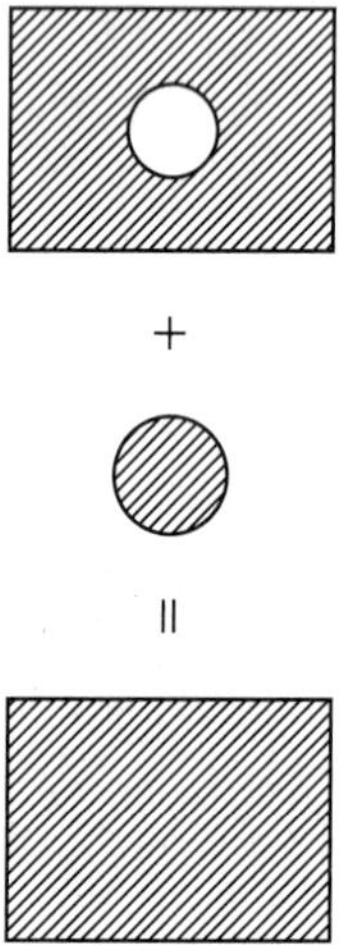

これを3次元に拡張しましょう。
3次元空間の中に2次元球面を作ります。内側は3次元の球体です。この球体を3次元空間から取り除きます。そしてその中に入ってみます。自分の周りには自分を取り囲む曲面が見えます。この曲面はなんでしょうか？　そうです。球面です。
私たちはふつうは球面を外側から見ていますが、これは内側から見た球面です。球の内側に入るという経験はあまりないのでちょっと想像がむずかしいかもしれませんが、ドーム球場に入ったような感じでしょうか。これが裏側から見た球面、つまり「球面の裏返し」です。

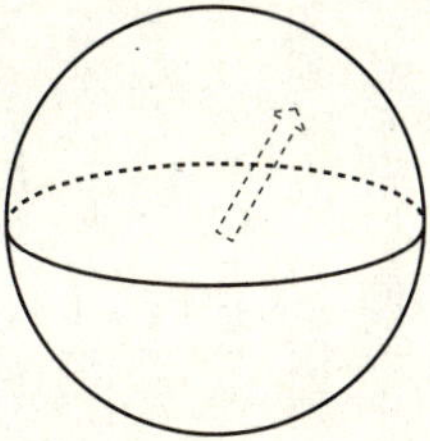

球面を内側から見る！

閑話休題

球面の裏側を全部鏡張りにして、その中に入ったらいったいどんな光景が見えるのでしょうか。合わせ鏡をもっともっと複雑にした不思議な世界が見えるのでしょうか。

これを描いた名作に江戸川乱歩の短編「鏡地獄」があります。球面の鏡の内側に入った人間がいったいなにを見たのか、興味のある方はぜひ読んでください。

2次元の場合と同じように、二つの3次元球体の境界である2次元球面を貼り合わせると3次元の球面ができあがります。もちろん3次元空間の中でこの貼り合わせを実行することはできませんが、2次元のとき、3次元空間の中で二つの円板をくぼませてお椀にして境界である円周を貼り合わせたように、3次元球体を4次元空間の中で「くぼませて」境界である球面を貼り合わせることができます。

もう一つの方法として、2次元でやったように、3次元空間のすべての方向の無限遠を一つの無限遠点を付け加えてまとめてしまうというやり方があります。私たちの空間の中で球面を考えその内部をくりぬく。残った部分は付け加えた無限遠点も含めて3次元の球体になっています。そこにくりぬいた球体の表面をもう一度埋め込んで貼り合わせる。できあがったものはもとの3次元空間（＋無限遠点、これは実際には見えません）です。

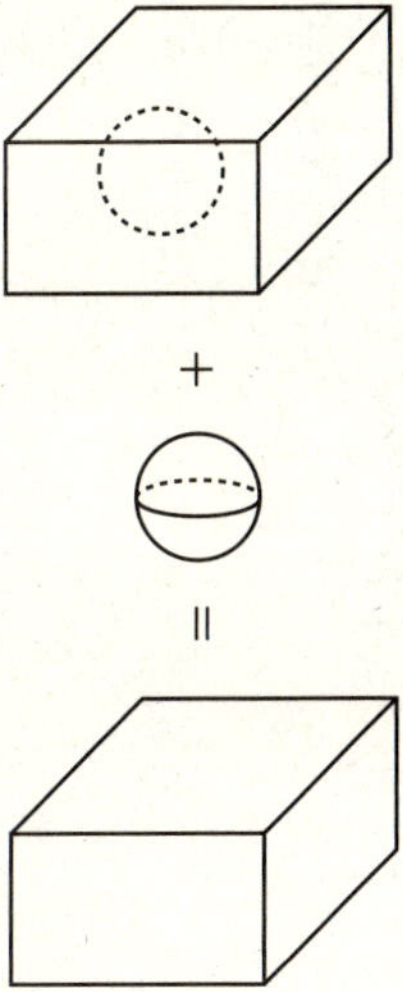

つまり、3次元球面とは私たちの住んでいる3次元空間に一つの無限遠点を付け加えてまとめてしまったものと考えることができるのです。この3次元球面は「曲がった空間」です。しかし、その中に住んでいる私たちには空間の曲がりは認識できないのです。

曲線は1次元の図形ですが、その曲がり方を認識するためには、円周やつる巻きバネを考えると分かるように、2次元、あるいは3次元の空間が必要です。同じように2次元の球面も3次元空間の中で初めて曲がり方が認識できます。ですから、空間の曲がり方を私たちが知ることはできないのです。

高次元のトポロジーへ

さて、こうして定義された高次元の図形ですが、最初に大きな問題になったのは、曲面のところで紹介したホモロジーやホモトピーという考え方が高次元の図形でも役に立つだろうか、ということでした。ホモロジーは2次元の曲面を1次元の閉曲線で切ってみて分割されるかどうかを問題にしました。これはそのまま高次元に拡張され、n次元の図形を$(n-1)$次元の図形で「切って」みて分割されるかどうかで高次元のホモロジーが決まります。とくにホモロジー的なつながり方がすべて球面と同じになっている図形は本物の球面だろうか、ということが大きな問題でした。

これはトポロジーの基礎を創った数学者ポアンカレが提出した問題です。

3　ポアンカレ予想

次元の高い場合は証明できた

ポアンカレは最初ホモロジーが球面を特徴づけるだろうと考えました。すなわち、ホモロジー的なつながり方がすべて球面と同じになっている図形は本物の球面だろうと予想しました。しかし、この予想はまちがっていました。3次元の図形でホモロジー的なつながり方が3次元球面と同じであるにもかかわらず、本物の球面とは違っている図形が存在したのです。ポアンカレはこの誤りに気がつき、もう一つ、ホモトピー的なつながり方も球面と同じならどうかという問題を提出しました。これを「ポアンカレ予想」といいます。

ポアンカレ予想

n次元の図形で、ホモロジー的にもホモトピー的にも球面と同じつながり方をしている図形は本物の球面だろう。

この予想が$n=2$の場合には成り立つことは第5章で説明しました。では一般の場合はどうだろうか。

ポアンカレ予想は20世紀初めに提出されました。これはトポロジーだけでなく、現代数学を貫く大問題となりました。大勢の数学者がポアンカレ予想に挑戦したのですが、これはたいへんな難問でした。多くの数学者が証明をまちがえ、この問題の解決に一生を賭《か》けた数学者も出ました。そして不思議な過程をたどって2003年に最終的な決着がついたのです。

ふつう私たちは、数学の問題は次元が上がればむずかしくなっていくだろうと考えます。ところがポアンカレ予想は最初に$n \geqq 5$の場合に証明されました。1960年のことです。証明したのはスティーヴン・スメールでスメールは図形をハンドル分解するという方法で予想が正しいことを示したのです。スメールはこの業績でフィールズ賞を受賞します。同時期にスターリングズとジーマンがスメールとは別の方法で$n \geqq 5$の場合のポアンカレ予想の証明に成功します。

なぜ次元が上がると証明ができるのでしょうか。その説明は残念ながら本書の内容を越えてしまうので（ここで、余白がないので、というとカッコいいかな）、興味のある方はぜひ専門の数学書を調べてください（田村一郎『微分位相幾何学』岩波書店、は日本語で読める最良の解説書ですが、通読にはかなりの数学の素養を必要とします）。ここでは、次元が上がることで自由度が増え、障害を回避できるとだけいっておきます。

こうしてポアンカレ予想は$n = 3, 4$の場合が未証明で残りましたが、1981年若き数学者マイケル・フリードマンが$n = 4$の場合の証明に成功します。フリードマンもこの業績でフィールズ賞を受賞しました。残るのは$n = 3$の場合でした。

ペレルマンの登場

2006年の国際数学者会議はスペインのマドリードで開かれました。国際数学者会議は4年に一度世界各国で開かれ、その会場でフィールズ賞受賞者が発表されます。2006年度のフィールズ賞はロシアの数学者グリゴリー・ペレルマン（ほかにタオ、オコンコフ、ウェルナーが受賞）に与えられました。受賞対象となった業績は「3次元ポアンカレ予想の解決」です。その数年前、ペレルマンはインターネットを通じて一連の論文を発表し、その中で3次元ポアンカレ予想の解決を宣言しました。ホモロジー的なつながり方とホモトピー的なつながり方が3次元球面と同じ、つまり、ホモロジーが球面と同じで基本群が0となる図形は本当の球面になることが100年かかって証明された瞬間でした。

ペレルマンの証明は純粋のトポロジーではなく、リッチフローという曲率に関係する量を使った微分幾何学的な方法でした。また、物理学的な内容も援用したようです。トポロジーの専門家にとっては少しだけ残念な結果だったということもできそうです。しかし会場の数学者たちは、世紀の難問を解決したペレルマンの登場を心待ちにしていたに違いありません。

しかし、なぜかペレルマンは授賞式の会場に姿を見せず、フィールズ賞受賞を辞退するというコメントだけがアナウンスされたのです。これは世界中の数学者を驚かせるにたる大事件でした。フィールズ賞史上受賞を辞退した数学者はペレルマンしかいませんし、おそらく今後も出てこないでしょう。フィールズ賞は数学者に与えられる最高の名誉ですし、ノーベル賞と違って40歳までの若い数学者にしか与えられないという決まりがあるのです。

ペレルマンがなぜ受賞を辞退したのかは本人以外だれにもわからないでしょう。それにしても「自分に興味があるのは自分の証明が正しいかどうかであって、フィールズ賞には何の興味もない」と語ったと伝えられるペレルマンの言葉は数学史上に永遠に記憶されるに違いありません。

残念ながら、フリードマンの証明もペレルマンの証明もここで説明することは不可能です。興味をもった読者はぜひ自分で証明にあたってくださることを希望します。

第7章　いろいろな話題

1 トポロジー玩具

さて、今まで6章にわたってトポロジーという現代数学を直感的な視点から解説してきました。数学は記号と論理を使って展開される科学です。したがって、今までにお話ししてきたことはすべて厳密に記号化して数式で展開できます。ホモロジー群やホモトピー群はさまざまな数学の道具を使って計算することができ、その結果は図形のトポロジー的な性質を明らかにしてきました。しかし、その背後にあるのはお話ししたような、切断とか縮めるという直感的なアイデアなのです。

ところで、トポロジーという魅力的な数学はその研究過程でさまざまな小道具を発見してきました。これまでもメビウスの帯やクライン管という不思議な数学ガジェットを紹介してきましたが、最後の章でこれらの小道具についてもう少し詳しく考えてみたいと思います。

メビウスの帯には裏・表がない

この不思議な性質をもつ境界のある曲面は第4章でも紹介しましたが、ここでもう

少し詳しく紹介しましょう。

細長い紙を一度ひねって両端を貼り合わせるとメビウスの帯ができます。この曲面の一番の特徴は裏と表の区別がつかない、ということです。この性質はふつうの円柱と比較するとよくわかります。細長い紙の両端をそのまま貼り合わせると円柱ができますが、この円柱には裏と表があり、それぞれ別の色を塗ることができる。しかし、メビウスの帯に色を塗ると全体が一色になってしまいます。

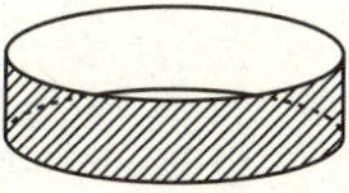

円柱もメビウスの帯もその一部分だけを取り出すと変わらないことに注意しましょう。局所的な性質、つまりメビウスの帯や円柱の中に入り込み（どうやって?!）回りを見渡すとどちらも同じような平面の一部が見えるのですが、図形全体としてみるとメビウスの帯は不思議な性質をもっているのです。

この性質はメビウスの帯を切ってみるとさらによくわかります。メビウスの帯と円柱の両方にセンターラインを引きます。このセンターラインに沿って両方の図形を切ってみましょう。

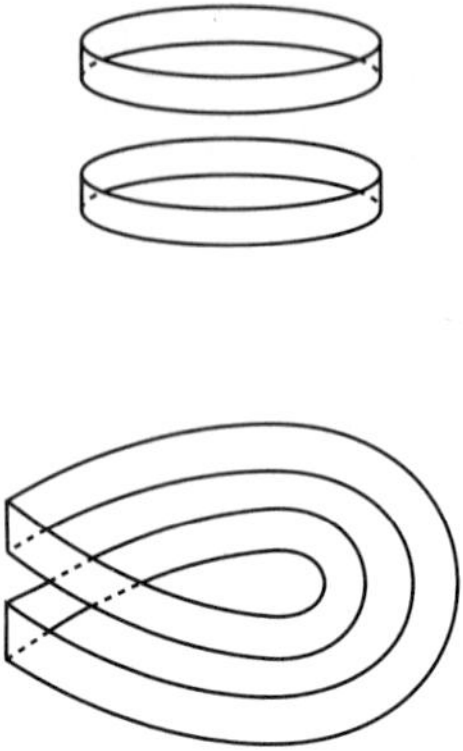

すると円柱は上下二つの、幅が半分の円柱に分割されてしまいますが、メビウスの帯はつながったままです。よく観察してください。センターラインで切ってみた図形

にはひねりがありますが、ひねりの回数は二回になっているはずです。この帯に色を塗ってみると、半面しか塗れません。ということは、メビウスの帯をセンターラインで切断した図形は二回のひねりが入っているのですが、じつは円柱と同じ図形なのです。

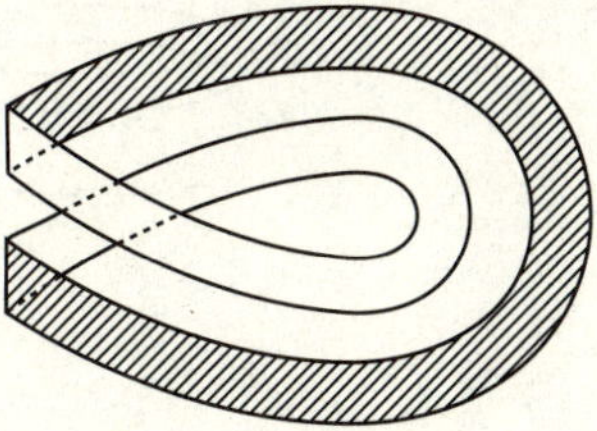

では、今度は全体の$\frac{1}{3}$のところで円柱とメビウスの帯を切ってみましょう。

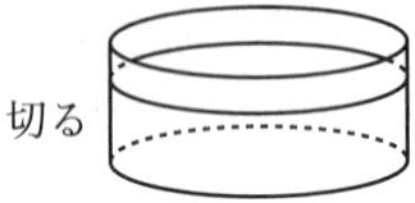

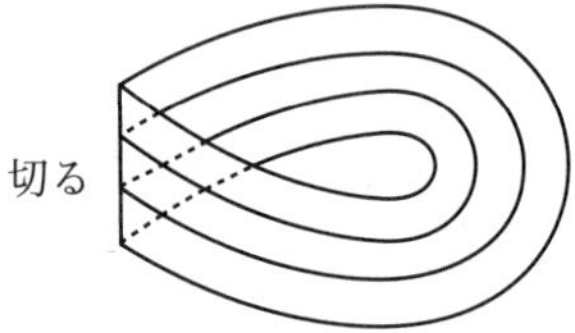

円柱は二つの円柱に分割されますが、一方はもう一方の二倍の幅をもっています。もちろんこれは円柱を半分に切ったのと何も変わりません。$\frac{1}{3}$だろうが$\frac{1}{4}$だろうが、上、下の円柱の幅が変わるだけで、二つに分割されるという事実は変わりません。これも円柱という図形のトポロジー的な性質です。メビウスの帯はというと、

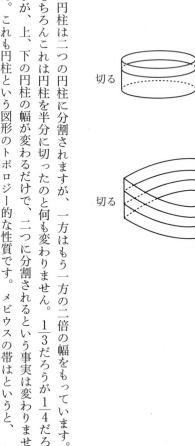

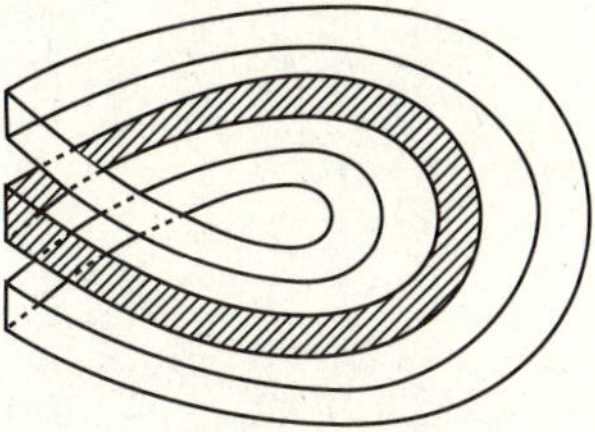
メビウスの帯

御覧の通り、$\frac{1}{3}$のラインはメビウスの帯を二周しています。今度はメビウスの帯も二つに分割されるのですが、円柱の場合と違って二つの輪が絡んでいます。大きな輪と小さな輪です。

小さいほうは一回ひねられているメビウスの帯です。では大きいほうは？　何回かひねりが入ってはいますが、これは円柱になっています。$\frac{1}{4}$のラインで切るとどうなるか、これはみなさんで試してみてください。

ところで、ふつうメビウスの帯には裏と表がないという言い方をします。確かに色塗りで試すと裏・表がないという表現はとてもわかりやすい表現です。しかし、数学的にはどんな面にも裏・表がありません。それは面には厚さがないからです。残念ながら私たちが紙を使ってメビウスの帯の模型をつくればどうしても厚さがでてしまい、本当のメビウスの帯にはなりません。

そこでこんな工夫をしてみます。

曲げることができる透明なシート（オーバーヘッドプロジェクター用シートなど）を用意し、それで細長い帯を二枚つくります。その二枚を重ねたまま一回ひねってメビウスの帯をつくります。重なった二枚のシートのそれぞれを貼り合わせるのです。こうすると透明なシートでできた二重になったメビウスの帯ができます。透明なので向こう側が見えます。この二重になったメビウスの帯の間に挟まれた厚さのない空間（隙間）が本当のメビウスの帯で、これには確かに厚さがありません。

厚さのない空間という表現はいささか形容矛盾で、本当に厚さがないのなら空間ではないのではないか、という方もいると思いますが、これは平面を2次元の空間と呼ぶという意味での空間になっていると考えて下さい。

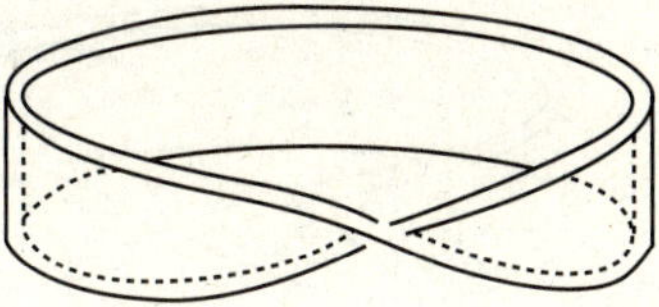

ではメビウスの帯に裏・表がないという事実はこの空間にどんな性質を与えているのでしょうか。

メビウスの帯に裏・表の区別がないという性質は、メビウスの帯の上では右・左の区別がつかないという事実になって現れます。それを見てみましょう。

メビウスの帯の宇宙旅行

それを見るために、透明なシートを細長く切り、そこにサインペンで時計の絵を描いてください。ただし、数字は書き込まず、針の指す時間は進行方向を12時として3時にします。その時計を二重になったメビウスの帯の間に挟むと透明なシートの上から時計が見えます。

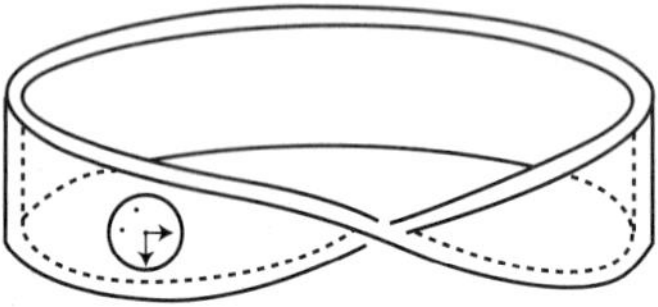

今3時です。ではメビウスの帯の作る空間での宇宙旅行に出発しましょう。はさんだシートをもってメビウスの帯の間をぐるっと一回りさせて元の位置に戻します。時計はどうなりましたか？

時計は9時を指しているはずです。このシートはメビウスの帯が作る空間を一周してくるのに6時間かかったのです！

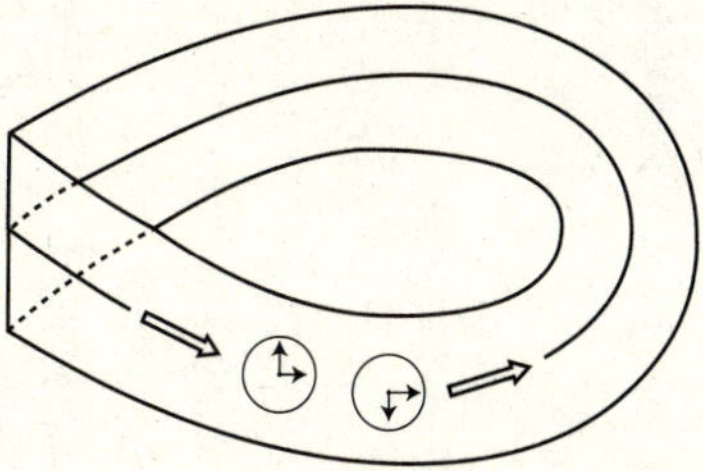

同じことを二重になった円柱でやってみると、今度ははさんだシートをぐるっと一回りさせても時計の時間は変わりません。相変わらず3時を指しています。円柱上では瞬間移動した！　なんとなく円柱のほうがメビウスの帯に比べて不思議なことが起きているような気もしますが、まあこれはジョークです。

これがメビウスの帯の数学的な性質です。つまり、この帯の上では3時と9時の区別がつかないのです。メビウスの帯の上では右・左の区別がないということです。この性質を数学では「向き付け不能」といいます。メビウスの帯は向き付け不能曲面なのです。

再びクライン管へ

クライン管はふつうは「クラインの壺《つぼ》」と呼ばれています。これはどうやらクライン管をどう表現するのかの違いのようで、いろいろな数学書ではクライン管を次のように表すことがふつうです。

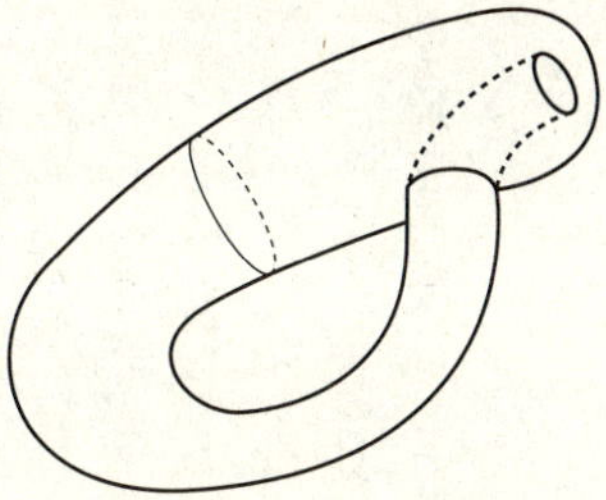

クライン管

こう描くとこれは壺というよりチューブという表現のほうがあてはまりそうなので、本書では「クライン管」と呼びました。

一方、クライン管を次頁のように表すことがあります。

クライン管というと何となく無機質で、情緒のない（?）実験器具のようですが、クラインの壺というといかにもいわくありげな、アラビアンナイトに出てくる魔法の壺という雰囲気があります。入ったら出られない！　という感覚でしょうか。「クラインの壺」という探偵小説もありました。

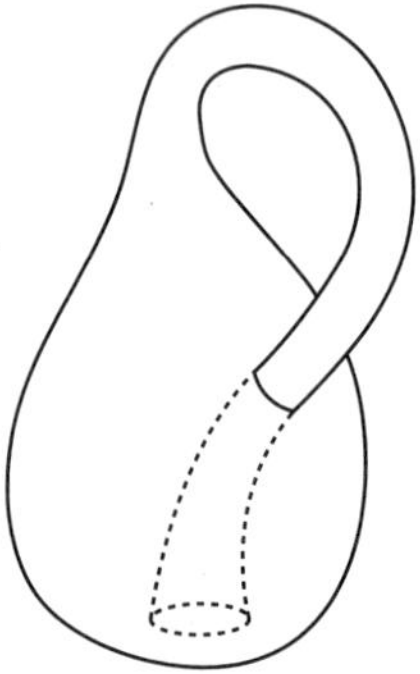

クラインの壺

これを見ると確かに壺という表現がぴったりです。ただし、この壺は「底抜け」なので壺としての役には立たないようです。

第4章でお話ししたように、クライン管は二つのメビウスの帯をその境界で貼り合わせた図形です。残念ながらこの貼り合わせは私たちの3次元空間では実行ができません。それでふつうのクライン管には傷があるのでした。

傷なしの本当のクライン管を見たい！　という願望は現在ではコンピュータグラフィックスである程度満足させられるようです。興味のある方はぜひインターネットで検索してみてください。

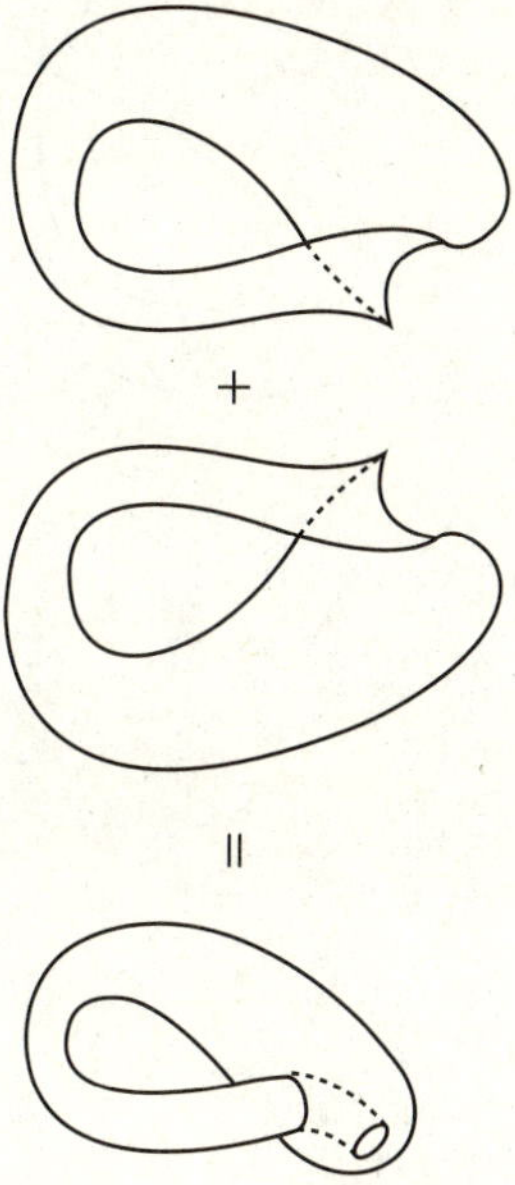

ところで、クライン管は二つのメビウスの帯を貼り合わせた図形で、メビウスの帯は向き付け不能曲面でした。したがって、クライン管自身も向き付け不能曲面になっていて、この曲面上では右と左の区別がつきません。それを見るためにこんな実験をしてみましょう。

クライン管の切断線に向きを付け、時計方向に回る切断線 z_1 を考えます。矢印に注目して下さい。この切断線をクライン管にそって一回りさせます。そして切断線 z_1 がクライン管の宇宙を一回りして元の位置に戻って来たとき、切断線の向きは逆向きになります。したがって、切断線 z_1 については $z_1 = -z_1$ が成り立っていて、

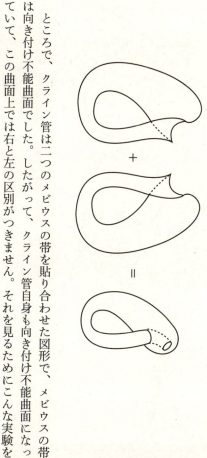

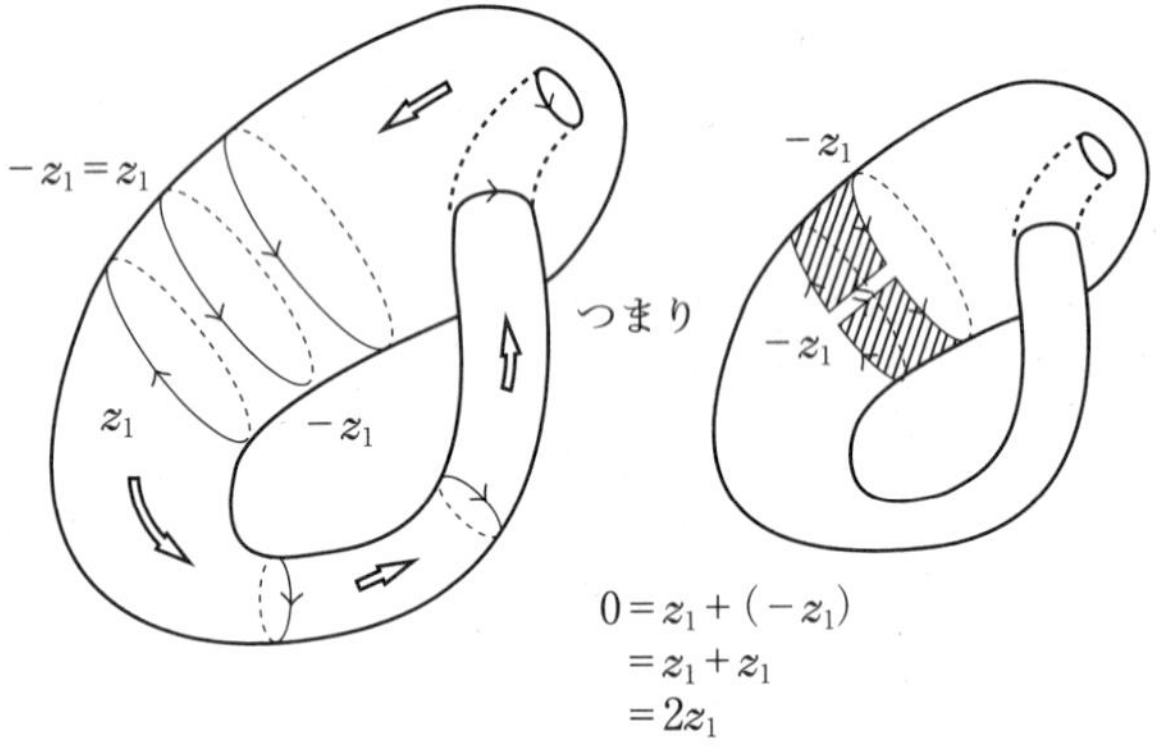

$$2z_1 = 0$$

となるのです。これを図で見ると上のようになります。z_1が$-z_1$に等しいことがとても大切なことがわかります。

　これが以前クライン管を紹介したときに、数学的にはz_1がクライン管のねじれた切断線であるといったことの意味です。

　ここで少しだけ数式に踏み込んで、トーラスとクライン管を方程式で表すとどうなるのかを紹介しましょう。

　数学ではいろいろな図形を数式を使って表現します。よく知られているのは円周や球面でしょう。それぞれパラメータα、βなどを使って次のように表されます。

$$円周：\begin{cases} x = \cos\alpha \\ y = \sin\alpha \quad 0 \leqq \alpha \leqq 2\pi \end{cases}$$

$$球面：\begin{cases} x = \sin\beta\ \cos\alpha \\ y = \sin\beta\ \sin\alpha \\ z = \cos\beta \qquad 0 \leqq \alpha \leqq 2\pi,\ 0 \leqq \beta \leqq \pi \end{cases}$$

$$3次元球面：\begin{cases} x = \sin\gamma\ \cos\beta\ \cos\alpha \\ y = \sin\gamma\ \cos\beta\ \sin\alpha \\ z = \sin\gamma\ \sin\beta \\ w = \cos\gamma \qquad 0 \leqq \alpha \leqq 2\pi \\ \qquad\qquad\quad 0 \leqq \beta,\ \gamma \leqq \pi \end{cases}$$

円周や球面は直交座標系で $x^2+y^2=1$、$x^2+y^2+z^2=1$ とも表されますが、一般的にはパラメータ表示が便利です。また、円周は1次元の図形ですが、2次元平面の中にあるので二つの座標x、yが一つのパラメータαで表され、球面は2次元の図形ですが、3次元空間の中にあるので三つの座標x、y、zが二つのパラメータα、βで表されています。つまり、パラメータ表示の場合はパラメータの個数がその図形の次元を表していると考えられます。

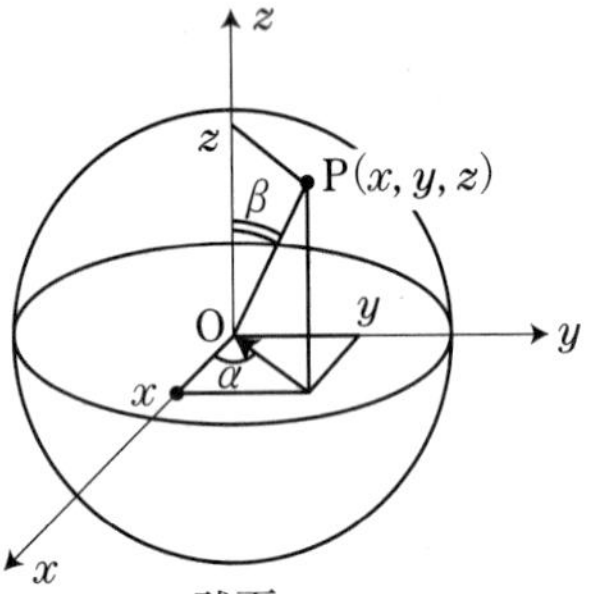

球面

トーラスを作ろう

トーラスは円を回転して作ることができます。球面と同様に2次元の図形ですが3次元空間の中にあるので、トーラス上の点の座標を(x, y, z)とすると、それぞれが

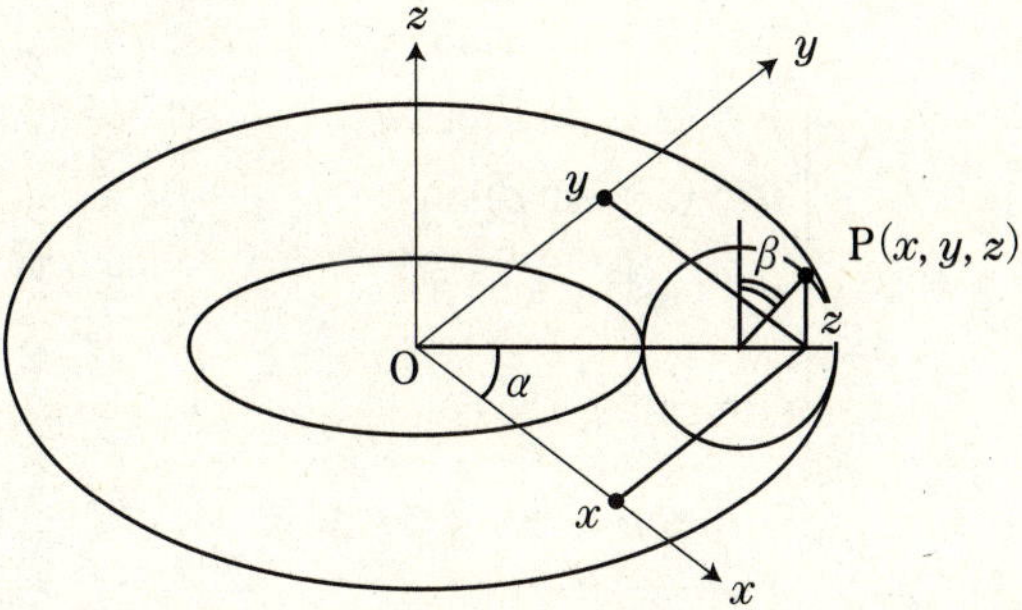

トーラス

二つのパラメータα、βを使って次のように表されます。

$$
\text{トーラス：}\begin{cases} x = (2+\sin\beta)\cos\alpha \\ y = (2+\sin\beta)\sin\alpha \\ z = \cos\beta,\ 0 \leqq \alpha \leqq 2\pi,\ 0 \leqq \beta \leqq 2\pi \end{cases}
$$

クライン管を作ろう

クライン管は2次元の図形（曲面）ですが、その本当の姿は4次元空間の中で見ることができます。したがって、四つの座標x、y、z、wが二つのパラメータα、βで表されています。

$$\text{クライン管：}\begin{cases} x = (2+\sin\beta)\cos\alpha \\ y = (2+\sin\beta)\sin\alpha \\ z = \cos\left(\dfrac{\alpha}{2}\right)\cos\beta \\ w = \sin\left(\dfrac{\alpha}{2}\right)\cos\beta, \end{cases}$$

$$0 \leqq \alpha \leqq 2\pi,\ 0 \leqq \beta \leqq 2\pi$$

残念ながら、クライン管は図に表すことができません。回転角αが0の場合とπの場合、それぞれの断面が$(x, y, z, w) = (2 + \sin\beta, 0, \cos\beta, 0)$と$(x, y, z, w) = (-(2 + \sin\beta), 0, 0, \cos\beta)$となって、断面の円周が異なる3次元空間に入ることを確認してください。

2　結び目

結び目がほどける

結び目は私たちの日常生活の中で大切な役割を果たしています。ひもが結べなかったらとても困るでしょうね。ありふれた結ぶという行為ですが、結んだ結果の結び目も古くから数学の考察の対象となっていました。もっとも基本的な研究は、「結び目がほどけてしまうかどうか」です。

ふつうはひもを結ぶことが多いのですが、ひもに端があると簡単にほどけてしまいます。そこで、数学ではひもの両端をつないでしまいます。つまり、数学でいう結び目とは3次元空間の中に埋め込まれた円周のことをいいます。3次元空間なので線が立体交差することができ、結び目という現象が起きるのです。

クローバー結び目

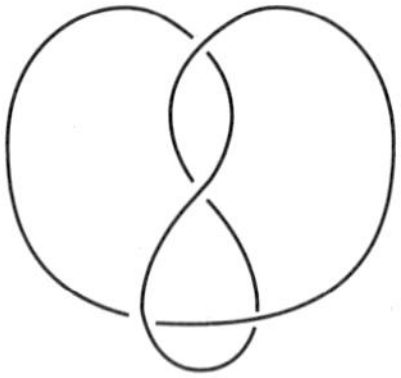

8の字結び目

ほどける結び目

ふつうの円周になってしまう結び目を「自明な結び目」とか「ほどける結び目」といいます。そこで問題になるのが、ある結び目がほどける結び目かどうか、です。実際の問題としてはちょっと手を動かすと本当の結び目かどうかがわかってしまうと思いますが、それをどうやって「数学として」証明するかが問題なのです。これは数学という学問のもっとも基本的な性格でした。やってみれば明らかじゃないか、ではなく、その理由を論理的に説明したいというのが数学の精神です。ここでは一番簡単なクローバー結び目がほどけない理由を説明したいと思います。

私たちは何気なく結び目をほどいていますが、その操作を数学的に分析してみると

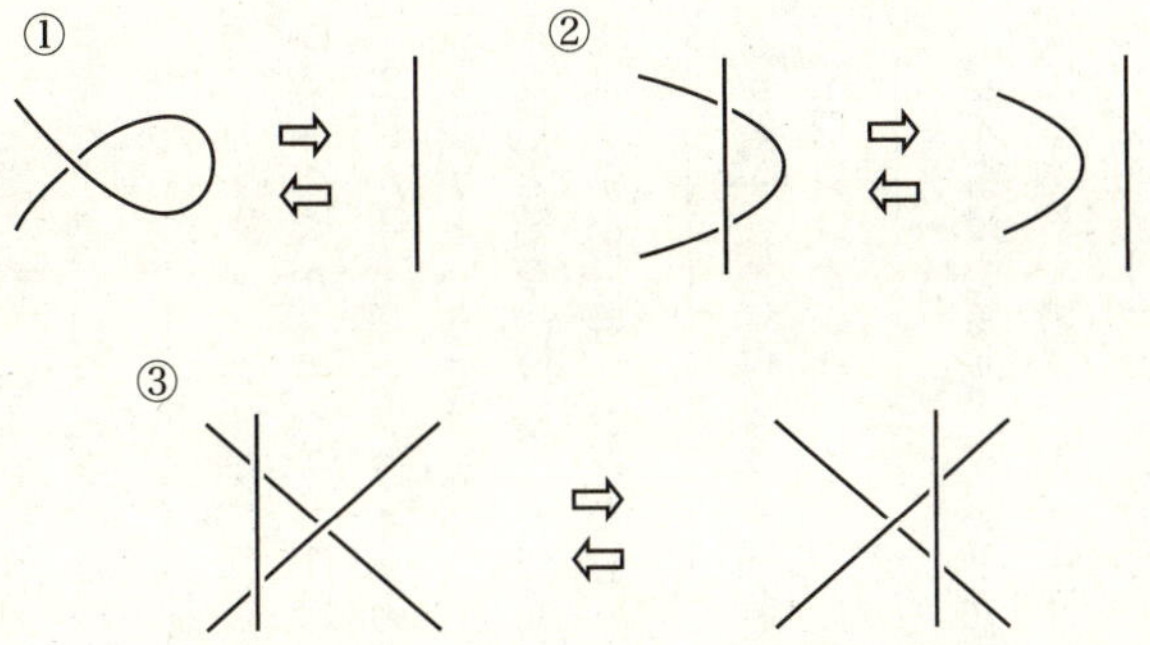

結び目をほどく操作は上の三つになることがわかります。この操作を「ライデマイスター移動」といいます。

ですから、問題はこの操作を繰り返すことでクローバー結び目をほどくことができるだろうか、つまり、ライデマイスター移動を繰り返して、クローバー結び目をふつうの円周に変えることができるだろうか、ということです。

このような場合、数学では次のようなことを考えます。

数学で結び目を考える

ライデマイスター移動で結び目を変えていっても一定のままで変化しない性質、あるいは量があるだろうか。もしそのような性質や量が見つかるなら、それをほどける結び目とクローバー結び目の両方について調べる、あるいは計算してみる。そしてその結果が両方の結び目で違うならクローバー結び目はほどけないと結論づけることができる。

どうしてでしょうか。もしクローバー結び目がライデマイスター移動でほどけてしまうならクローバー結び目とほどける結び目の量は同じになるはずだが、それらの量が違うのだからクローバー結び目はほどけない。

これが不変量という考え方です。いかにしてわかりやすく計算が容易な不変量を発見するかというのは数学の重要な研究対象です。群という数学的な構造は、対称性を不変量と結びつけることで発見されたと考えることができます。結び目の不変量としては「結び目群」がとても大切です。結び目群とは次のような群です。

【定義】 結び目を3次元空間から取り去った残りの空間の基本群をその結び目の結び目群という。

基本群はあるループが手元にたぐり寄せられるかどうかを考える群でした。上の空間で基本群を考えると、手元にたぐり寄せられないループは取り去られた結び目に絡んでいるループでこんな形をしています。

この群の構造がほどける結び目とクローバー結び目では違っているのです。ほどける結び目とは違って、クローバー結び目では引っかかっているループが何本もありかなり複雑なことに注目してください。この複雑さが群の構造に反映しているのです。この群がどんな群になるのかの計算は少し面倒なので省略しますが、ほどける結び目の結び目群は整数全体の群Zになり、クローバー結び目の結び目群はZになりません。

これでクローバー結び目がほどけないことはわかるのですが、もう少し初等的で簡単な不変量はないのでしょうか。それが次に紹介する「3色塗り分け」です。

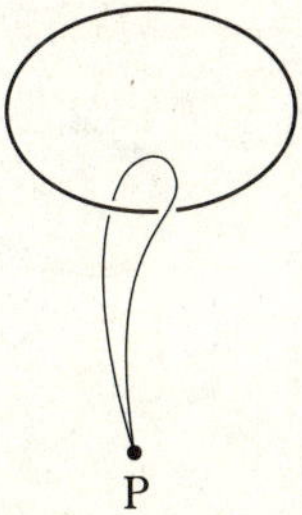

ほどける結び目

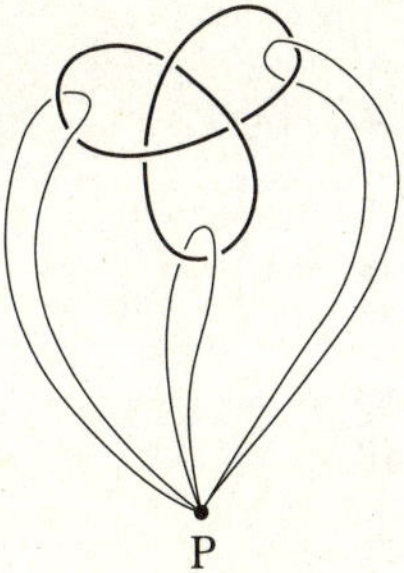

クローバー結び目

結び目の3色塗り分け

結び目の図を平面に描くと、何ヵ所かで立体交差しています。三つの色を使って、立体交差している下の点から次の立体交差をしている下の点までの道に色を塗り、どの交差点でも三つの色が出会うか、あるいは1色しか色がでてこないようにします。別の言葉でいえば、交差点に2色の色しかでてこないような塗り分けはしないようにするのです。そして、結び目全体として3色が使われるとき、その結び目は3色塗り分けが可能であるといいます。3色塗り分けは結び目によってできる場合とできない場合があります。たとえば、クローバー結び目では次のように3色塗り分けが可能です。どの交差点にも三つの色が出てくることを見てください。

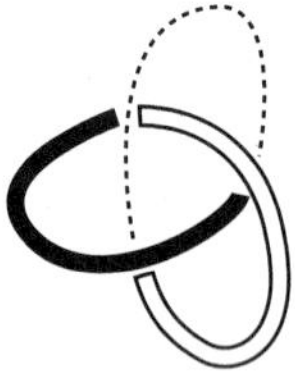

ところが、3色塗り分けという性質はライデマイスター移動で変化しないのです。

①

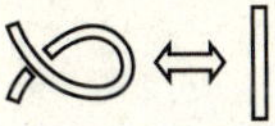

これは全体を１色で塗るほかない

②

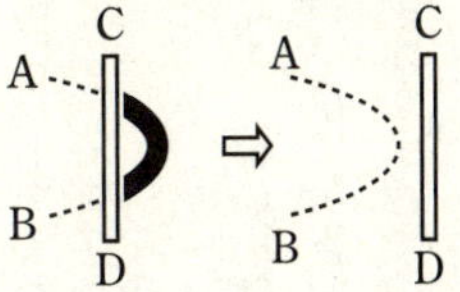

A, B, C, D の色が
変わらないことに注意

③

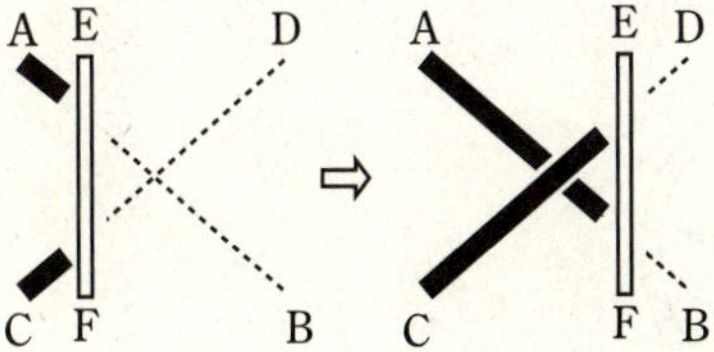

A, B, C, D, E, F の
色が変わらない
ことに注意

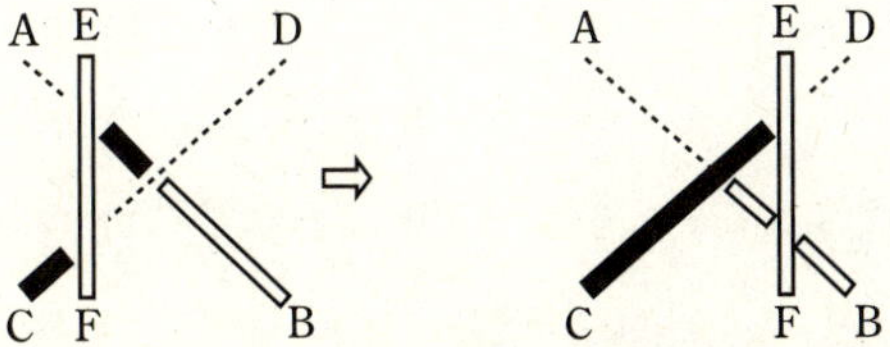

前頁の図で見るようにライデマイスター移動で道の端につけたアルファベットの色が変化しないことに注意してください。このようにしてライデマイスター移動で交差点での色の様子は変化するのですが、結び目全体として3色塗り分け可能かどうかという性質は変わりません。

では、ほどけてしまう結び目は3色塗り分けが可能でしょうか？ ほどけてしまう結び目は最終的にただの輪になります。ところが、ただの輪には交差点がないので、全体を1色で塗るほかなく、3色塗り分けはできません。

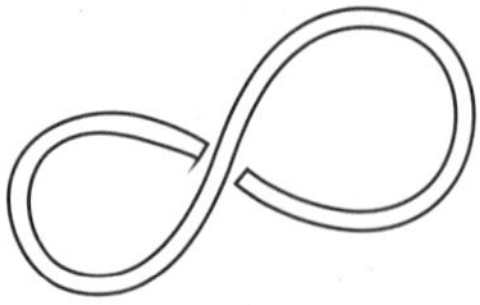

1色

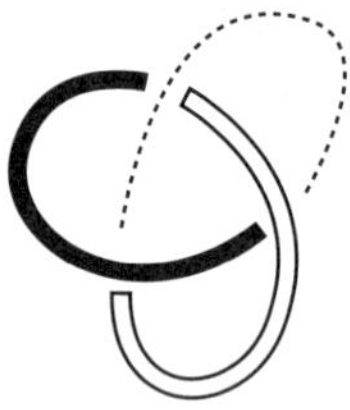

3色

3色塗り分けという性質はライデマイスター移動による不変量でした。したがって、クローバー結び目をほどくことは不可能なのです。

終わりに

さて、最初の章で「デッサンとは、ものの形のことではない、ものの見方のことだ」という言葉を紹介しました。そのとき、トポロジーとはまさしく、形をどう見るかということなのだ、とお話ししました。

この本では、トポロジーという幾何学が形を「つながり方」という視点で見ることを紹介しました。そのとき大切だったのは、つながり方を見るために、逆につながっていない状態を考えること、そのためにグラフや曲面を切ってみる、あるいは曲線を縮めてみるという見方でした。このような、ある意味ではとても素朴な考え方がトポロジーの基礎です。

トポロジー的な認識は幼児が形を区別する第一歩のようです。子どもたちは、曲線がつながっているかいないか、一回りしているかいないかという認識を経て、形を区別するようになっていくのです。

もちろん、ここで紹介したトポロジーを本格的な数学として展開していくためには、数式という言語が必要不可欠です。本書では多くの図を使ってトポロジーの考え方を紹介しましたが、専門の数学書では図がほとんど現れず、ホモロジーやホモトピーが数式で厳密に展開されています。しかし、その数式の背後にはたくさんのイメージが隠されているはずです。本書を読まれたみなさんが専門書をひもとくとき、そんなイメージをもっていただけることを願いつつ、本書を閉じたいと思います。

文庫版終わりに

本書は、2010年に「はじめてのトポロジー」というタイトルでPHPサイエンス・ワールド新書の一冊として出版された本の文庫化です。

トポロジーは日本語では位相幾何学と訳されますが、20世紀になって大発展を遂げた現代幾何学の一分野です。しばらく前、2003年にトポロジーの未解決問題だったポアンカレ予想が解決したというニュースが流れました。多くのマスコミで特集記事が組まれ、NHKでも特集番組が放映されたと記憶しています。ポアンカレ予想とはある代数的な条件を満たす図形は球面しかないだろうという予想で、すべての次元で成り立つことが予想されていましたが、不思議なことに高次元で先に証明され、3次元の場合が未解決問題として残っていたのです。

3次元ポアンカレ予想を証明することは、トポロジーの出発当初からの懸案でしたが、ほぼ100年かかって、ロシアの数学者ペレルマンによって証明されました。ペレルマンはこの業績によって、フィールズ賞を受賞しますが、彼が受賞を辞退したことも、ジャーナリズムを賑《にぎ》わす一因になったようです。

ポアンカレ予想を正確かつ厳密に理解することは難しく、本書でもその一端を紹介しましたが、残念ながらそれ以上の解説は不可能でした。しかし、トポロジーという幾何学を直観的に理解するのはそれほど難しいことではありません。

もちろん直観的な理解には限界があり、相手は現代幾何学なので、厳密な理解をするためには空間や位相、群などといった数学的概念のきちんとした定義の理解が必要です。また、それを数学として展開していくためには、高度な数式に対する基礎知識と技術的な訓練が必要です。そのことを理解したうえで、私は数学の裾野《すその》を広げて、多くの人が持っているかもしれない、数学に対するいわれのない（いや、実はいわれはあるのかもしれません。それは学校で教えられている数学のある一面に由来するのかもしれない）「敬して遠ざける」態度を改めてもらうために本書を書きました。

本書にはほとんど数式が出てきません。図と言葉だけでトポロジーを説明することには、当然のことながら限界があります。それでもなお、学校で教えられる数学とは一味も二味も違った数学の姿がここにはあるはずです。

文庫化に際して、いくつか数式を書き足しましたが、ここはそんなものかと眺めていただければいいと思います。

もう10年近くも前、はるばると北関東《きたかんとう》の小さな研究室を訪れ、新書版『はじめてのトポロジー』の出版を熱く語ってくださったPHP研究所編集者の水野寛氏、しばらく埋もれていた本書を発掘し文庫化してくださったKADOKAWAの大林哲也氏。大林氏には「読む」シリーズとして何冊も数学書を文庫化していただきました。末尾ながら記して心からお礼申し上げます。有難うございました。

本書は、2010年1月にPHP研究所から刊行された『はじめてのトポロジー　つながり方の幾何学』(PHPサイエンス・ワールド新書)を改題のうえ文庫化したものです。

読《よ》むトポロジー

瀬《せ》山《やま》士《し》郎《ろう》

平成30年 12月25日　初版発行

発行者●郡司 聡

発行●株式会社KADOKAWA
〒102-8177　東京都千代田区富士見2-13-3
電話　0570-002-301(ナビダイヤル)

角川文庫 21374

印刷所●株式会社暁印刷
製本所●株式会社ビルディング・ブックセンター

表紙画●和田三造

ISBN 978-4-04-400395-1　C0141

◇◇◇

角川文庫発刊に際して

角川源義

第二次世界大戦の敗北は、軍事力の敗北であった以上に、私たちの若い文化力の敗退であった。私たちの文化が戦争に対して如何に無力であり、単なるあだ花に過ぎなかったかを、私たちは身を以て体験し痛感した。西洋近代文化の摂取にとって、明治以後八十年の歳月は決して短かすぎたとは言えない。にもかかわらず、近代文化の伝統を確立し、自由な批判と柔軟な良識に富む文化層として自らを形成することに私たちは失敗して来た。そしてこれは、各層への文化の普及滲透を任務とする出版人の責任でもあった。

一九四五年以来、私たちは再び振出しに戻り、第一歩から踏み出すことを余儀なくされた。これは大きな不幸ではあるが、反面、これまでの混沌・未熟・歪曲の中にあった我が国の文化に秩序と確たる基礎を齎らすためには絶好の機会でもある。角川書店は、このような祖国の文化的危機にあたり、微力をも顧みず再建の礎石たるべき抱負と決意とをもって出発したが、ここに創立以来の念願を果すべく角川文庫を発刊する。これまで刊行されたあらゆる全集叢書文庫類の長所と短所とを検討し、古今東西の不朽の典籍を、良心的編集のもとに、廉価に、そして書架にふさわしい美本として、多くのひとびとに提供しようとする。しかし私たちは徒らに百科全書的な知識のジレッタントを作ることを目的とせず、あくまで祖国の文化に秩序と再建への道を示し、この文庫を角川書店の栄ある事業として、今後永久に継続発展せしめ、学芸と教養との殿堂として大成せんことを期したい。多くの読書子の愛情ある忠言と支持とによって、この希望と抱負とを完遂せしめられんことを願う。

一九四九年五月三日

角川ソフィア文庫ベストセラー

読む数学
瀬山士郎

XやYは何を表す？　方程式を解くとはどういうこと？　その意味や目的がわからないまま勉強していた数学の根本的な疑問が氷解！　数の歴史やエピソードとともに、数学の本当の魅力や美しさがわかる。

読む数学　数列の不思議
瀬山士郎

等差数列、等比数列、ファレイ数、フィボナッチ数列ほか個性溢れる例題を多数紹介。入試問題やパズル等も使いながら、抽象世界に潜む驚きの法則性と数学の「手触り」を発見する極上の数学読本。

読む数学記号
瀬山士郎

記号の読み・意味・使い方を初歩から解説。小学校で習う「1・2・3」から始めて、中学・高校・大学初年レベルへとステップアップする。数学はもっと面白く身近になる！　学び直しにも最適な入門読本。

とんでもなくおもしろい　仕事に役立つ数学
西成活裕

効率化や予測、危機の回避など、数学を取り入れれば仕事はこんなにスムーズに！　〃渋滞学〃で有名な東大教授が、実際に現場で解決した例を元に楽しい語り口で「使える数学」を伝えます。興奮の誌面講義！

とんでもなく役に立つ数学
西成活裕

〃渋滞学〃で著名な東大教授が、高校生たちとの対話を通して数学の楽しさを紹介していく。通勤ラッシュや宇宙ゴミ、犯人さがしなど、身近なところや意外なシーンでの活躍に、数学のイメージも一新！

角川ソフィア文庫ベストセラー

ゼロからわかる虚数
深川和久

想像上の数である虚数が、実際の数字とも関係してくるのはなぜ？　自然数、分数、無理数……小学校のレベルから数の成り立ちを追い、不思議な実体にせまる！　摩訶不思議な数の魅力と威力をやさしく伝える。

はじめて読む数学の歴史
上垣渉

数学の歴史は〝全能神〟へ近づこうとする人間的営みだ！　古代オリエントから確率論・解析幾何学・微積分法などの近代数学まで。躍動する歴史が心を魅了し、知的な面白さに引き込まれていく数学史の決定版。

食える数学
神永正博

ICカードには乱数、ネットショッピングに因数分解、石油採掘とフーリエ解析――。様々な場面で数学は役立っている！　企業で働き数学の無力さを痛感した研究者が見出した、生活の中で活躍する数学のお話。

神が愛した天才数学者たち
吉永良正

ギリシア一の賢人ピタゴラス、魔術師ニュートン、数学王ガウス、決闘に斃れたガロア――。数学者たちの波瀾万丈の生涯をたどると、数学はぐっと身近になる！中学生から愉しめる、数学人物伝のベストセラー。

数学の魔術師たち
木村俊一

カントール、ラマヌジャン、ヒルベルト――天才的数術師たちのエピソードを交えつつ、無限・矛盾・不完全性など、彼らを駆り立ててきた摩訶不思議な世界を、物語とユーモア溢れる筆致で解き明かす。

角川ソフィア文庫ベストセラー

数学物語　新装版
矢野健太郎

動物には数がわかるのか？　人類の祖先はどのように数を数えていたのか？　バビロニアでの数字誕生からパスカル、ニュートンなど大数学者の功績まで、数学の発展のドラマとその楽しさを伝えるロングセラー。

無限の果てに何があるか
現代数学への招待

足立恒雄

そもそも「数」とは何か。その体系から、「1＋1はなぜ2なのか」「虚数とは何か」など基礎知識や、非ユークリッド幾何、論理・集合、無限など難解な概念まで丁寧に解説。ゲーデルの不完全性定理もわかる！

世界を読みとく数学入門
日常に隠された「数」をめぐる冒険

小島寛之

賭けに必勝する確率の使い方、酩酊した千鳥足と無理数、賢い貯金法の秘訣・平方根――。整数・分数の成り立ちから暗号理論まで、人間・社会・自然を繋ぎ合わせる「世界に隠れた数式」に迫る、極上の数学入門。

無限を読みとく数学入門
世界と「私」をつなぐ数の物語

小島寛之

アキレスと亀のパラドクス、投資理論と無限時間、『ドグラ・マグラ』と脳の無限、悲劇の天才数学者カントールの無限集合論――。文学・哲学・経済学・SFなど様々なジャンルを横断し、無限迷宮の旅へ誘う！

景気を読みとく数学入門

小島寛之

経済学の基本からデフレによる長期不況の謎、得する投資理論の極意まで。一見、難しそうに思える経済の仕組みを、数学の力ですっきり解説。数学ファンはもちろん、ビジネスマンにも役立つ最強数学入門！